おはなし
科学・技術シリーズ

# タイヤのおはなし
[改訂版]

渡邉 徹郎 著

日本規格協会

## まえがき

　1960年代に始まった日本のモータリゼーションが2000年末には4輪車合計で国民1.7人に1台，乗用車だけでも2.4人に1台が保有されるまでになりました．したがって大勢の人たち，特に若い人たちにとっては自動車がなじみ深いものになっていますが，大多数の方々はエンジンをかけてアクセルを踏めば自動車は前進し，ハンドルを回せばカーブを切り，ブレーキを踏めば止まる……と何の疑いもなく思っておられるのではないでしょうか．
　また，一般の人々にとってタイヤは単に"黒くて丸いもの"と思われているようですが，タイヤは次の四つの働き（機能）を果たしているのです．
　① 荷重を支えて走る（耐久性，対摩耗性も含む）．
　② ばねとして働き，乗り心地をよくする（騒音も含む）．
　③ 駆動力，制動力を路面に伝達する．
　④ 舵角に応じた旋回力を発生し路面に伝える．
　このようなタイヤの働きによって自動車が自由自在に走り回ることが出来るのですが，それを発揮するメカニズムには大変おもしろい点もたくさんあります．タイヤの働きを中心にして，タイヤの構造や材料，車を支える力学や路面に力を伝えるメカニズムなどをおはなしします．
　本書ではまず予備知識としてタイヤの歴史，その中でタイヤの材料，構造，形状，サイズが移り変わった経緯や理由を，次に基礎知識としてタイヤの規格と材料について簡単に説明し，その後上記の

力学やメカニズム，タイヤの性能などをできるだけ簡明に解説します．この機会にタイヤに関心と興味を持っていただければ大変嬉しいことです．なお，以上の部分については統計データや技術的内容を最新の状態まで更新することを主体にして，改訂しました．

次にタイヤに関する大きな流れや出来事について簡単に触れ，本文を理解していただくための助けにしたいと思います．

1888年ダンロップの空気入りタイヤ発明以来，主として耐久性と乗り心地の向上を求めて，綿からレーヨン，ナイロンへ，さらに操縦性も改良のためにポリエステルへと種類を替え，タイヤ形状を変え，材料も改良しながら，有機繊維を使ったバイアス構造のタイヤが，1960年代までは圧倒的多数でした．ところが道路舗装の進展，高速道路の延長，自動車の大幅な性能向上に応じて，タイヤにも飛躍的な性能向上が求められた結果，スチールコードを使ったラジアル構造のタイヤが急速に普及しました．

日本のタイヤ生産に占めるラジアルタイヤの比率が1975年には乗用車39%，トラック15%，小型トラック2%でしたが，20世紀末の2000年では同じ順で95%，96%，92%に達し，スチールラジアル化の完了が明らかです．普及の状況については図1.18から図1.21がわかりやすいと思います．

スチールラジアル化が進行する中で一層の性能向上の要求に応えるため，表3.1に見られるようにこの20年間で乗用車用は偏平タイヤの時代に移行し終えました．そして2003年に予定されている一軸当たり荷重の制限緩和と共にトラック用も80シリーズ，70シリーズへと偏平化が進むでしょう．偏平化に伴う乗用車用タイヤサイズの変化については，3.1タイヤの種類，サイズのところでおはなしします．

1960年代にGMのリアエンジン車コルベアに事故が多発しまし

たが，このときに現在のようなスチールラジアルが使われていたら事故は防げたのではないかと思います．それはともかくこの事故に端を発して1968年に米国で自動車安全法が制定され，その一部として自動車タイヤの安全基準も設けられて，世界中がこれに追随して今日に至りました．そして2000年から多発したFord Explorerの事故を契機に，米国を先頭にして自動車・タイヤの安全基準がかなり大幅に改訂されようとしています．安全基準については3.2節で要約して説明します．

いま改めて振り返ると1980年代から現在にかけての約20年間は，タイヤ技術にとって大変実りの多い期間だったと思います．そしてその成果が今後の発展に大きく寄与するに違いありません．そこで9章では，重要なこの期間の開発成果を紹介することにし，シリカの活用，ランフラットタイヤの実用化，新生産システムの実稼働開始ほかについて説明します．いずれも波及効果が大きいものですが，中でも新生産システムはタイヤ工場のあり方に大きなインパクトを与える可能性が高いと思います．もちろん，完成度を上げるために年月が必要でしょう．

その後でいくつかの切り口から2002年の現在タイヤ産業に求められている事項，そのためにどんな技術開発が必要なのかを考えてみました．平凡な発想しかなくて残念ですが，少しでも参考になれば幸いです．

本書の引用文献の番号は，図・表のみに記載しました．番号をつけていない図や表はブリヂストンの社内資料からの引用です．本文で参考にした図書は直接タイヤに関するものに限定して巻末にまとめました．

本書は(財)日本規格協会出版課で企画され，日産自動車株式会社信頼性技術センター主管（当時）上野憲造氏を通じて，株式会社ブ

リヂストン技術担当専務取締役（当時）原田忠和氏が執筆者の選任依頼を受けられ，当初は社内現役技術者の執筆が考慮された由ですが，一般の方々にわかりやすい解説ならばOBの方がいいのではないかということで，筆者が執筆することになったものです。そのような経緯もあり，資料の収集や部分的には原案作成等ブリヂストンの大勢の方々に大変お世話になりました。(社)日本自動車タイヤ協会技術部にはタイヤ関連の統計データやパンフレット類を提供頂きました。日産自動車株式会社には月面車に装着したタイヤの写真掲載をご了承頂きました。また，住友ゴム株式会社から国産第1号タイヤの写真を提供頂いたのですが，紙数の都合でやむなく割愛させて頂きました。(財)日本規格協会出版課の方々には校正などはもちろん，いろいろとご協力を頂きました。

また，改訂版執筆に当たっても株式会社ブリヂストン常務執行役員タイヤ開発担当の井上晧氏にご承諾を得，技術企画管理部長松田明氏に取り纏めをお願いして大勢のブリヂストン現役技術者に資料，原稿原案，アドバイス等を作成・提供していただきました。(社)日本タイヤ協会技術部には初版の時と同様にタイヤ関連の統計データやパンフレット類を提供して頂きました。初版，改訂版を通じてお世話になりました皆様に厚くお礼申し上げます。

最後に改訂版に際して出稿が大幅に遅れ(財)日本規格協会編集制作部書籍出版課の皆様に大変ご迷惑を掛けましたのに，辛抱強くつきあっていただきました。ここに深甚の謝意を表します。

1994年10月初版
2002年10月改訂

渡邉　徹郎

# 目　　次

まえがき …………………………………………………… 3

## 1. タイヤとは
1.1　車輪と車 ……………………………………………11
1.2　タイヤとは …………………………………………13
1.3　空気入りタイヤを外国ではなんと呼ぶ？ ………14
1.4　タイヤの歴史 ………………………………………15
1.5　スチールラジアルタイヤの時代 …………………25

## 2. "空気入りスチールラジアル"の時代
2.1　なぜ"空気入り"？ ………………………………39
2.2　なぜ"スチールラジアル"？ ……………………49

## 3. タイヤの基礎知識
3.1　タイヤの種類，サイズ ……………………………53
3.2　タイヤの安全基準 …………………………………59
3.3　ホイールとリム ……………………………………61
3.4　タイヤのゴム材料 …………………………………65
3.5　カーボンブラック …………………………………72
3.6　繊維材料 ……………………………………………75
3.7　ゴムとコードの複合化 ……………………………84

## 4. 荷重を支えて走る

- 4.1 圧力容器の力学 …………………………………… 91
- 4.2 コード張力とゴムの変形 …………………………… 99
- 4.3 タイヤの摩耗 ……………………………………… 105
- 4.4 タイヤの偶発故障 ………………………………… 115
- 4.5 タイヤの疲労破壊 ………………………………… 119
- 4.6 タイヤの高速耐久性, 耐熱性 …………………… 126

## 5. 乗り心地と振動・騒音

- 5.1 ばねとしての機能 ………………………………… 129
- 5.2 ハーシュネス ……………………………………… 134
- 5.3 ロードノイズ ……………………………………… 138
- 5.4 タイヤのユニフォーミティ ……………………… 140
- 5.5 タイヤ道路騒音 …………………………………… 145

## 6. 路面に力を伝える

- 6.1 摩擦力発生機構 …………………………………… 155
- 6.2 ぬれた路面とトレッドパターンの役割 ………… 161
- 6.3 氷雪路の摩擦 ……………………………………… 167
- 6.4 燃費と転がり抵抗 ………………………………… 169

## 7. 車の操縦安定性とタイヤ

7.1 車はなぜ曲がれるか？……………………………175
7.2 タイヤに発生する力とモーメント……………………178
7.3 その他のタイヤ特性…………………………………190
7.4 操縦性と安定性の評価………………………………196

## 8. タイヤの製造と設備

8.1 タイヤ製造の特徴……………………………………199
8.2 材料の準備……………………………………………201
8.3 部材の準備……………………………………………205
8.4 生タイヤの製造………………………………………208
8.5 タイヤの加硫…………………………………………213
8.6 タイヤの仕上げ………………………………………214

## 9. 今後の展開

9.1 開発の成果 …………………………………………217
9.2 いま何が求められているか …………………………235
9.3 どんな技術開発が必要か ……………………………247
9.4 将来の予測 …………………………………………249
9.5 技術への投資 ………………………………………253

引用文献 …………………………………………255
参考文献 …………………………………………257
関連規格 …………………………………………257
索　引 ……………………………………………259

# 1. タイヤとは

## 1.1 車輪と車

　車輪の起源ははるかな古代にさかのぼるため明確な記録がないのはやむを得ませんが，図1.1のような絵がいろいろな書物に記載され，車輪が丸太を利用した"コロ"から始まって，次第に車輪と車軸が分かれることによって車に発展していったと推論されています．そして，始めは丸太の輪切りなどが車輪として使われていたのが，それでは重くて修理もしにくいので，次第に板を何枚も張り合わせて合板型円盤をつくるようになり，さらに輻（spoke）のある車輪が考え出されました．図1.2はギリシアの絵画に残されている車輪の例で，合板型や輻式の車輪が早くから使われていたことがわかります．

　古くは約5500年前の荷車のスケッチや古代の戦車の浮き彫りがたくさんあますが，ここではちょっと変わったものを紹介しましょ

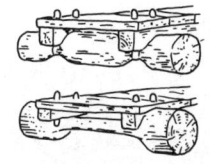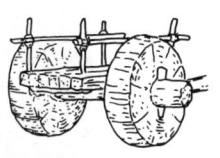

車の起源の一つの想定："ころ"が荷台の下にはめ込まれ，やがてそのくびれから車と心棒の形ができる．

**図1.1　車輪と車軸の進化**[1]

う.トルコのイスタンブール考古学博物館発行のパンフレットに載せられているもので,紀元前5世紀に建てられた墓碑の浮き彫りの中に馬車があり,そのパンフレットには運送業者のものと説明されています.図1.3がそれで,そんな昔に運送業者があったらしいということと,タイヤに模様がありそうに見えるのもおもしろいところです.いずれにしろ,はるかな昔に人類は滑り摩擦よりも転がり摩擦が格段に小さいということを体験から知り,それを車輪と車という形で実用化したのです.すばらしい知恵に感心させられます.

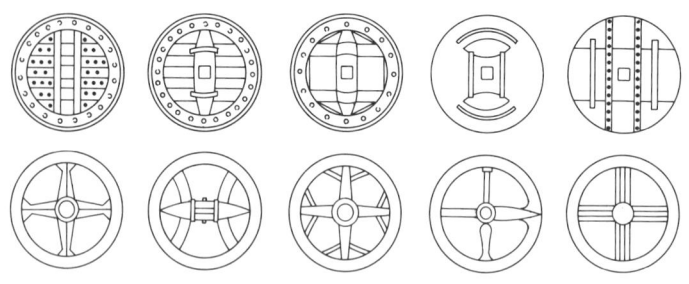

（上）は合板形車輪,（下）はギリシア絵画にある輻車輪

**図1.2 車輪の進歩**[2]

**図1.3 トルコ紀元前5世紀の墓碑の浮き彫り**[3]

## 1.2 タイヤとは

タイヤ (tire) という言葉の意味は,車輪の外周部分という意味のようです.自動車が普及するまで交通機関の主役であった馬車,荷車用の車輪は図 1.4 に示されているように,樫や欅などの堅い木を使って車軸受,それを支えるスポーク (spoke),その周りを取り巻く輪縁,たが (rim, felloe) をつくり,接地部分には路面による損耗を防ぐため鉄製の輪帯 (tire) をはめた構造になっていました.

ウェブスター (Webster) の辞書では"金属あるいはゴムのリングで,中が詰まったものもあれば中空で空気圧を充塡したものもある.車輪の外縁に取りつけて,車輪を補強したり振動,騒音を防ぐためのものである."という意味の説明がつけられています.

ヨーロッパに多い石畳式舗装路は"ベルジアンロード"と呼ばれていますが,この上を鉄製タイヤつきの車輪で走ったのでは振動と騒音が激しいのはあたりまえで,1835 年にゴムソリッドタイヤが現れると,ゴムのもつ弾性,衝撃吸収性に加えて,加硫法が発見された後は耐摩耗性も優れていたため,ゴムソリッドタイヤがついた

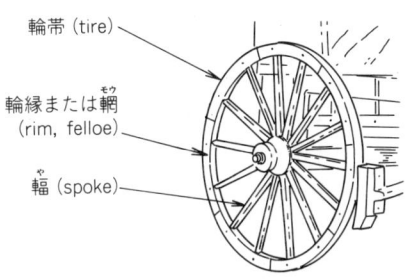

図 1.4　馬車,荷車用車輪[4)]

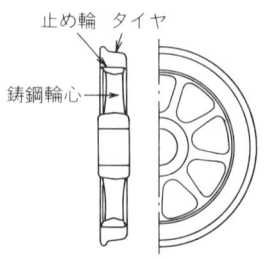

**図1.5 鉄道車両用タイヤつき車輪**[5]

ホイールがかなり普及しました．1886年ダイムラー・ベンツが開発したガソリン自動車の1号車は鉄輪で，2号車から木製スポークにゴムソリッドタイヤつきとなっていました．しかし後続の自動車メーカは1895年ころまで鉄輪を使い続けたようです．ついでですが，図1.5は鉄道車両用車輪の図で，一番外側のレールと接する部分はやはりタイヤなのです．

## 1.3 空気入りタイヤを外国ではなんと呼ぶ？

ところで，現在タイヤを意味する外国語を少し調べてみますと，次のようになっています．

| | |
|---|---|
| 英　　　語 | Pneumatic Tyre |
| 米　　　語 | Pneumatic Tire |
| フランス語 | Pneumatique（またはPneu） |
| ド イ ツ 語 | Reifen |

ドイツ語のReifen（ライフェン）は英語のリングの意味でなんの変哲もありません．Pneumatic（ニューマティック）は"空気の"あるいは"空気入りの"という意味ですから，英語・米語では

明瞭に"空気入りタイヤ"であることを示しています．フランス語に至っては同じく"空気の"を意味する Pneumatique（プニューマティック）だけで空気入りタイヤを表しています．

　本書で取り扱うものは主として乗用車用の"空気入りゴムタイヤ"ですが，外国語まで引き合いに出して"空気入り"を強調しているのは，"空気入りゴムタイヤ"だけがまえがきで述べたタイヤの四つの機能を単一の部品で発揮し，今日の発達した自動車の要求に応えることができるからです．この辺については，2章"空気入りスチールラジアル"の時代で詳しくおはなしします．

## 1.4　タイヤの歴史

### 時代の背景

　おはなし科学・技術シリーズ『ゴムのおはなし』（日本規格協会発行）に詳しくでていますが，コロンブスが1493年の第2回航海の際，プエルトリコやジャマイカで現地の住民が遊び道具にしていた天然ゴムのボールを見かけて以来，欧米でゴム引き布でレインコートがつくられたり，消しゴムに利用されるなど生ゴムの利用が少しずつ広がりました．また，ゴムの加工法や学術的研究も進んできました．そして，1839年にはアメリカのチャールズ・グッドイヤーが生ゴムに硫黄を混ぜて加熱すると，強靭な弾性をもち，熱に対して生ゴムよりはるかに安定した加硫ゴムが得られるという"熱加硫法"を発見しました．これに続いてイギリスのハンコックが，加硫の本質を見抜くことによって種々の加硫法を開発したことにより，近代的ゴム工業が始まりました．

　一方では，1830年代から40年代にかけて，産業革命の進展により人の移動も物資の輸送も飛躍的に増大し，自転車，自動車の発明

や各国での鉄道の開通も含めてこれに対応するニーズが高まってきました．このような時代の背景が空気入りタイヤの発明と普及につながったのです．

## 空気入りタイヤの発明

1845年イギリス，スコットランドのトムソン（R. W. Thomson）が当時鉄輪タイヤかソリッドゴムタイヤつき車輪であった運搬車用車輪の改良を目指して，図1.6の空気入りタイヤの特許を取得しています．特許に述べてある説明によると，この発明の特徴は，車輪の周りに弾性体をつけ，走行抵抗や騒音を少なくし，乗り心地を改善し，高速にも安全な車輪を得るために，弾性体としてはゴムなどを利用して気密にした中空のベルトを空気で膨らませて用いるとよいであろうと述べられています．

実際に彼が馬車用としてつくった空気入りタイヤは図1.6のようにゴム引き布を張り合わせてチューブに相当する袋をつくり，その外側に皮革をびょう（鋲）でつなぎ合わせたものをかぶせ，木製のリムにボルトで固定する構造になっていました．乗り心地の良さと走る馬車の静かさに人々が驚いたといわれています．トムソンのタイヤは，既に1796年フランス人のキュノーによって発明されていた蒸気車への装着を目的としていましたが，おかしな法律*の規制により蒸気車は息の根を止められ，せっかくのトムソンの発明も十分その効果を発揮できず，日の目を見ないうちに忘れ去られてしまいました．しかし，図1.6のタイヤはその構造も働きも原理的には今日のタイヤと同等といってよく，ほぼ150年前にこのような着想があったことは敬服に値すると思います．

---

\* 1865年イギリスで公布された"蒸気車の速度は6.5 km/h以下で，車を走らすときは赤旗を持った前方警戒人をつけねばならない"との法令．

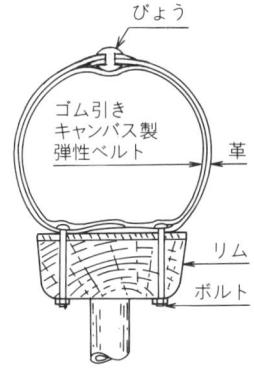
図1.6 トムソンの馬車用空気入りタイヤ[6]

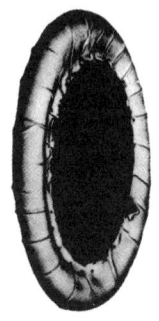
図1.7 ダンロップの最初のタイヤ（模作）[7]

## 空気入りタイヤの再発明

それから40数年後の1888年，イギリスの獣医師ダンロップ（J. B. Dunlop）が，それまでソリッドゴムタイヤをつけていた息子の3輪車の乗り心地を改良するために考案した空気入りタイヤで特許を得ています．彼の特許は"インドゴムと布または他の適当な材料で中空のタイヤあるいはチューブをつくり，適当な方法で車輪に装着する"というものでした．ダンロップがつくったタイヤは図1.7のように，直径40 cmほどの厚い木の円盤の外側にゴムのチューブをはめ，その周りをゴム引きしたキャンバスでくるみ，端を円盤に釘で止めたもので，乗り心地が良くなるばかりでなく，これまでのゴムソリッドタイヤに比べて転がり抵抗が大幅に減り，楽に走れることがわかったのです．

このためダンロップの発明は，翌1889年の自転車レースで採用されました．このときにはワイヤスポーク式のホイールにタイヤを

はめ，その周りにキャンバスを巻きつけて固定したものでした．このタイヤを使った選手は無名であったにもかかわらず，ソリッドタイヤを使っている選手たちに圧勝し，空気入りタイヤが優れていることがイギリス中に知れ渡り，その結果ダンロップ社の前身である空気入りタイヤの会社がダブリンに設立されました．

### 自動車用空気入りタイヤ第1号？

　世界最初の自動車レースは100年余り前の1894年フランスのパリ〜ルーアン間129 kmで行われました．このレースでドディオン（de Dion）伯の蒸気車が優勝したと記録されていますが，このレースでは空気入りタイヤは使われていません．第2回のレースは，翌1895年のパリ〜ボルドー〜パリ1 179 kmを昼夜の別なく走り続ける長距離耐久レースでした．平均速度約24 km/hで1着となったバナール車も2着の車も構造違反で失格となり，3着のプジョー車が優勝となりました．参加22台中完走が9台，そのうち1着から8着までがガソリンエンジン車でした．

　このレースにミシュラン社の空気入りタイヤをつけたプジョー車が出場しており，これが自動車用空気入りタイヤ第1号ではないかといわれています．このタイヤが文字どおり第1号かどうかは別にして，ミシュラン社がこのころに自動車用空気入りタイヤの開発に世界で初めて成功していたことは間違いないようです．残念ながらこの車は，タイヤのパンクが多発して22本のチューブを使い果たし，100時間の制限をオーバーしてリタイヤしてしまいましたが，途中では優勝車の平均速度の2.5倍強にあたる61 km/hの速度を記録したため，翌年のパリ〜マルセイユ間のレースには大部分の車が空気入りタイヤを装着していたといいますから，空気入りタイヤの優秀性が十分認識されたのでしょう．

## タイヤ着脱の革新

空気入りタイヤが普及するためには，車輪とタイヤの組みつけ，取り外しがうんと簡便になるよう車輪とタイヤ双方の革新が必要でした．1890年にウェルチ (C. K. Welch) が発明したものが，ビードワイヤ入りのタイヤビードと円弧型断面をもつリムの組合せで，ワイヤ式スポークが使われており図1.8のようになっていました．この発明のタイヤは，"ワイヤードオン (wired on)"または"ストレートサイデッド (straight sided)"と呼ばれ，この方式が発展して現在のタイヤ構造の基本となったもので，大変重要な発明です．

一方フランスではタイヤビードの内部に堅いゴムを配置して伸びにくくするとともにかぎ型に突き出させ，これと嵌合(かんごう)するような形にしたリムフランジに引っ掛けて固定する方式が広く使われました（図1.9参照）．この方式は"ビーデッドエッジ (beaded edge)"または"クリンチャー (clincher；引っかけ)"と呼ばれ，日本でも一昔前まで自転車タイヤは大部分がこの方式でしたからご存じの方も多いでしょう．しかし現在では，自転車タイヤもごく一部を残してタイヤ製造時のばらつきが小さくでき，タイヤ着脱作業も楽な

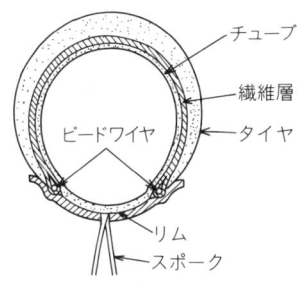

**図1.8 ウェルチの発明**(ビードワイヤつきタイヤとスポーク式リムの組合せ)[8]

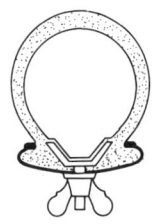

**図1.9 ビーデッドエッジ（クリンチャー）式タイヤ**[9]

ワイヤードオン方式に切り換わってしまいました．

### 自動車への採用

1895年のレースを契機にして自動車にも空気入りタイヤが使われ始めましたが，初期の空気入りタイヤは故障が多くて寿命が短く，なかなかゴムソリッドタイヤにとって代わることができませんでした．しかし漸次性能の向上とともに採用が進み，10年後の1905年ころには空気入りタイヤが標準品となりました．

このころの空気入りタイヤは，欧州ではビーデッドエッジ，アメリカではワイヤードオンが主流で，使用空気圧は320〜500 kPaくらいだったようです．ところが自動車が進歩し車速が速くなるにつれて遠心力及び高速旋回時の横向きの力が大きくなり，いくら硬いゴムを配置してもやはりクリンチャー式のビードは伸びやすくリムから外れてしまう問題を抱えており，またタイヤが大きくなるにつれてリム組み，リム外しの手間がかかりすぎるため，だんだんビード部にスチールワイヤを入れたワイヤードオン構造に置き換えられました．

### タイヤの骨格材料の革新

タイヤは内部に適当な圧力の空気を充填しなければ，その機能を発揮できないことはみなさんご存じのとおりで，タイヤは空気の圧力を保持する圧力容器でもあるわけです．そのための強度をタイヤ内部に配置した繊維とゴムの複合体に受けもたせています．

#### （1）キャンバスから簾(すだれ)織りへ

初期のタイヤはいずれもゴム引きしたキャンバスを骨格材料として使っていましたが，キャンバスは縦糸と横糸が交差しているため，タイヤが走行によって変形するたびに糸がこすれ合い，わりに短期

間にすり切れてしまうので耐久性に乏しく，タイヤの寿命は高々2 000〜3 000 km であったといわれています．1908 年アメリカのパーマー（J. F. Palmer）は縦，横の糸を直接織り合わさず，縦，横に相当する糸をそれぞれ平行に並べ，隣り合う 2 層の糸を交差する方向に重ね合わすことで一種の網目をつくることを考案し，特許を取得しました．この隣り合う 2 層の間に薄いゴム層を入れておけば，糸の層同士はゴムで隔離され，キャンバスのように交点で糸がすれ合うことがなくなります．

現在では図 1.10 のように日よけの簾みたいに縦糸を並べ，形を保つためだけのごく弱い横糸をできるだけまばらに入れた簾布を織り，ゴムの薄いシートでサンドイッチ状にはさみます．これをタイヤの強度要求，性能要求に応じた必要な枚数を必要な角度で張り合わせてタイヤを製造しており，原理的にはパーマーの発明と同じものです．簾織りの縦糸（経糸）は"コード（cord）"と呼びます．この簾織り構造の採用によって，タイヤの耐久性が画期的に改善されましたので，タイヤ史上最大の発明の一つといってよいと思います．

タイヤはいわゆる複合材料の元祖のように考えられていますが，キャンバスを使っていたのでは本当の複合材料とはいえず，簾織り

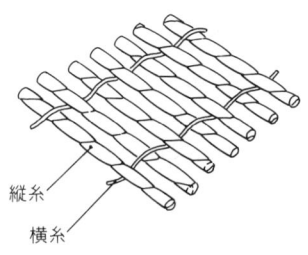

**図 1.10 簾織りの構造**[10]

になって初めてコードとゴムが力学的につながった複合体として働いているものになったわけで，この意味でもパーマーの発明は画期的な発明と評価できるのです．

（2） 化学繊維，合成繊維の登場

初期からタイヤコードには木綿が使われていましたが，さらに耐久性を改善し自動車の性能向上，道路整備に伴う高速化に対処するため，レーヨンがアメリカでは1937年から，日本でも1952年からタイヤに使われるようになり，さらにナイロンがアメリカで1942年軍用タイヤに，1947年には一般用に，日本でも1950年代後半に採用されて，それぞれ大幅な耐久性のレベルアップとタイヤの軽量化につながりました．

乗用車のタイヤもいったんはナイロンに換わりかけたのですが，高速道路の開通が相次ぎ，100 km/hを超える高速走行が一般化する環境になってみますと，ナイロンタイヤでは操縦安定性が悪いということがわかってきました．一方，レーヨンは環境汚染の問題もあり，供給量が減って価格が高騰しましたので，レーヨンに近い操縦安定性が得られるポリエステルタイヤがアメリカでは1962年に，日本でも1968年に新車装着用として採用されました．

これに続く骨格材料の革新はスチールコードの登場ですが，1.5節でおはなしすることにします．

## カーボンブラックでゴムを補強

カーボンブラックはもともと1875年ころアメリカの会社が天然ガスから新しい方式で煤を取り出し，印刷用材料として販売していました．このカーボンブラックがタイヤに使われるきっかけとなったのは，1900年にイギリスのタイヤ会社が，簾織りコードを使ったタイヤを木綿キャンバスタイヤと区別するためにカーボンブラッ

クを配合してみたところ，強度を上げる効果があったからだという挿話も伝えられています．しかし，先におはなししましたパーマーの簾織りコード発明時期が 1908 年とされているのと前後関係が合わないようですね．ともかく 1900 年ころにはカーボンブラックをゴムに混ぜると，ゴムの強度，例えば引張強さ等が飛躍的に向上し，このゴムを使った製品の耐久性や耐摩耗性が大幅に改善されることが広く知られるようになりました．タイヤには 1912 年ころから使われ始め，耐久性が 10 倍も高まったのですから，これも第 1 級の発明ないしは発見と評価してしかるべきと思います．

---

**タイヤはなぜ黒い？**

世界中の自動車についているタイヤは，どれもこれも"黒い"タイヤばかりですね．どうしてでしょうか．

タイヤが黒いのはゴムを補強する（強いゴムにする）ために，カーボンブラックを混ぜてあるためです．カーボンブラックは平たくいえば炭の粉ですから真っ黒で，これをゴム重量の数十パーセントも混ぜますから，出来上がったゴムも真っ黒になります．

自動車用タイヤほどの強いゴムでなくてもよい自転車タイヤや運動靴のゴム底などには，カーボンブラックを混ぜていないゴムも使われています．飴色（顔料なし），白（チタンホワイトで色付け），色ゴム（赤，青，その他の顔料で色付け）などカラフルです．

将来，カラフルでしかも十分に強いゴムが開発されて，色とりどりのタイヤが目を楽しませるようにならないか？ との質問には，Yes & No と答えたいと思います．詳しくは 9.1 開発の成果の項を参照して下さい．

### トレッドパターンの採用

　現在でもタイヤの接地部分に模様のないタイヤが2種あります．一つは晴天用のレーシングタイヤ，もう一つは最近あまりお目にかからないようですがロードローラ若しくはアスファルトフィニッシャーのタイヤです．6章でおはなししますが，ゴムの場合は同じ荷重ですと接地面積の広いほうが摩擦係数が大きいので，晴天用のレーシングタイヤにはパターンなしのタイヤが普通です．またロードローラは前軸，後軸ともタイヤをたくさん並べて装着し，敷いたばかりでまだ熱いアスファルトを平らに仕上げようというのですから，タイヤに模様があっては困るわけです．

　ゴムタイヤの初期はパターンのないものが使われましたが，1891年には自転車タイヤに初めてトレッドパターンがつけられたそうで，自動車タイヤに単純ながらも本格的なパターンがついたのはやや遅れて1908年のことです．自動車の性能が向上し，走行速度が上がってくると特にぬれた路面で滑りやすくなりますので，滑りにくくするためにトレッドパターンが工夫されたわけです．そのころファイヤストン社がそのものずばり"NON SKID"という文字をトレッドパターンにしたタイヤを市販したようで，現在でもデトロイトのフォード博物館に展示されているクラシックカーに装着されています（図1.11）．SKIDは"滑り"を意味しますから"NON SKID"は"滑らない"タイヤというわけです．

　トレッドパターンは，1922年にサイプの発明した細い切込みをトレッド表面に入れるサイピング（図1.12）も含め，ぬれた路面上のタイヤのグリップ確保に大きく寄与している発明です．

　なお，このほかに合成ゴムの登場なども取り上げてしかるべきところですが，3.5節の説明に譲ります．

## 1.5 スチールラジアルタイヤの時代

図 1.11　ファイヤストンの "NON SKID" パターン[11]

図 1.12　初期のサイピング入りパターンの例[12]

### 1.5　スチールラジアルタイヤの時代

最近の 30 年に満たない短期間でバイアスタイヤからラジアルタイヤへの移行が急速に進み，しかも乗用車のタイヤではベルトに，トラックタイヤではベルトとカーカスプライ両方にスチールコードを使用したスチールラジアルが一般的なものとなってしまいました．このような変化や開発の様子はタイヤの歴史のなかでも重要な部分ですので，ここでまとめておはなしします．

**タイヤの部分名称**

今後のおはなしにタイヤ各部の名称がたびたび出てきますので，ここで説明しておきましょう．図 1.13 は乗用車スチールベルトラジアルチューブレスタイヤの断面で，図 1.14 はバイアス，ラジアル両方について外観と内部構造がわかるように描いた図です．

**トレッド**：タイヤが路面と接する部分のゴム層．表面に滑り止めの模様が刻まれています．

**サイド**：トレッドとビードの間の部分．この部分の表面ゴム層だけを "サイドウォール" と呼ぶこともあります．

**ショルダ**：トレッド部とサイド部の間をいいますが，境界ははっきり決まっていません．

1. タイヤとは

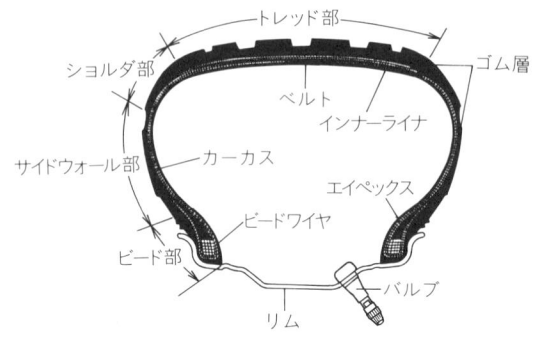

**図1.13** 乗用車ラジアルタイヤ（チューブレス）の断面[13]

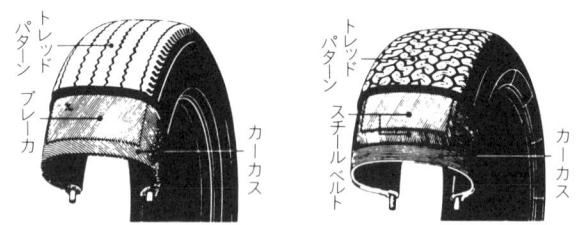

（a）バイアスタイヤ　　（b）スチールラジアルタイヤ
**図1.14** 乗用車タイヤのバイアス構造とラジアル構造[14]

**ビード**：スチールワイヤの束をプライで包み，リムに嵌合するようにつくられた部分．

**カーカス**：主としてプライとビード部で構成されているタイヤの骨格をなす部分で，ベルトも含みます．ブレーカも含める場合があります．なお，簾を薄いゴムシートではさんだ層を"プライ"と呼びます．

**ブレーカ**：バイアスタイヤのトレッドゴムとカーカスの間に1層

から数層挿入し，路面からの衝撃や外傷に対してカーカスを保護します．

　**ベルト**：ラジアルタイヤでブレーカと同じ位置に入れますが，いわゆる"たが効果"をもたせるため強くて伸びにくい繊維をほぼ周方向に密に配列します．

　**インナーライナ**：チューブレスタイヤで空気圧保持のため気体が透過しにくいブチル系のゴムを配合した薄い層でカーカスを内張りします．チューブつきの場合は，チューブ自体が気密性の高いブチルゴムでつくられていますので，タイヤの内面には普通のゴムのごく薄い層があるだけです．

　**エイペックス**：ビード部の形を整えるとともに剛性を与えるため，ビードワイヤの上に断面を三角形にした硬いゴム部材を入れることがあり，これを"エイペックス（apex；三角形の頂点）"と呼びます．あるいは"ビードフィラー（充填部材）"，"スティフナー（剛性部材）"と呼ぶこともあります．プライコードに角度がついていないのでカーカス剛性が低いラジアル構造ではぜひ必要で，バイアスタイヤでも荷重が大きいトラックタイヤなどにはこの部材が配置されています．

### バイアス構造とラジアル構造

　バイアスタイヤのプライは例の簾を斜め方向に向けて左右交互に重ねます．コードを斜めに配置しますので"バイアス（斜めの）構造"と呼ばれるのです．左右交互ですから偶数プライで構成されます．安全をみて空気圧の数倍から十数倍の圧力に耐えるよう最少2プライから多いものでは数十プライのタイヤもあります．今日でもナイロンコードを使用してトラックタイヤの一部，建設機械用の約半数そして乗用車用応急用タイヤと産業車両用の大部分がまだバイ

アス構造で作られています．ビードは普通の小型タイヤの場合ですと19番線くらいのスチールワイヤを20回前後ぐるぐる巻いてリング状にし，これにプライを巻き上げてあります．ブレーカは衝撃緩和が主目的ですからプライコードよりも細いコードをまばらに配置するのが普通で，ゴム層はやや厚めとします．乗用車タイヤではブレーカを入れない場合もありますし，1ないし2層のブレーカを入れることもあります．

ラジアル構造のプライはタイヤを真横から車軸方向に見たときに放射状に走っています．つまりラジアル（radial；放射状の，半径方向の）のプライをもったタイヤという意味で，"ラジアルタイヤ"と呼ぶのです．もう少し丁寧にいうときには"ラジアルベルテッド（radial belted）タイヤ"と呼びます．以前は乗用車タイヤのラジアルプライにレーヨンコードが好んで使われましたが，入手が困難になったので今日では大部分がポリエステルコード，一部がナイロンコードで，1プライから3プライが使われています．トラックタイヤではスチールコード1プライが普通です．

一般乗用車タイヤのベルトは周方向と20°前後の角度で交差するように配置したスチールコード2層が大部分です．図1.13，1.14にはこのタイプを示してあり，"切離し（single cut）ベルト"と呼ばれるタイプです．高性能タイヤ，高速走行用タイヤ等では両端を折り返した折り畳み（folded）スチールベルトや切離しベルトの上をさらにナイロンコードのキャッププライほかで覆ったもの等，性能向上のためいろいろな種類が工夫されています．図1.15にその例を示しておきました．なおスチールコードに接するゴムは，スチールとよく接着する配合であることはもちろんですが，スチールとの差が少しでも小さくなるようにできるだけ硬いゴムとし，併せてベルトの剛性を高めるように配慮されています．

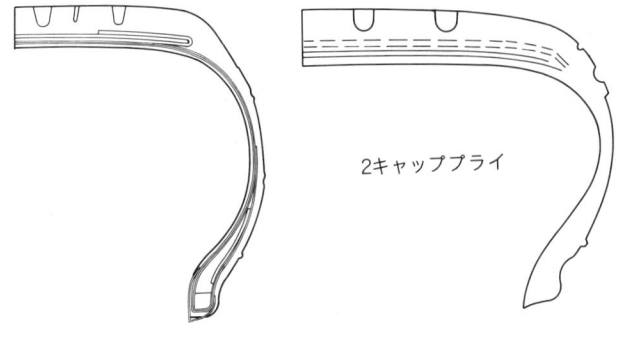

(a) 折り畳みベルト　　(b) ナイロンキャッププライつき切離しスチールベルト

**図 1.15　高性能タイヤ用ベルト構造の例**

　ビードワイヤの上には必ず非常に硬いゴムのエイペックスが入っており，プライの外側にも硬いゴムの層（ゴムチェーファー）を張りつけて，リムとの摩擦でビード部がすり減るのを防いでいます．ラジアルタイヤは耐摩耗性が優れており寿命が長いため，ビード部を十分補強しておく必要があるのです．

### ラジアルタイヤの開発
#### （1）　ミシュラン社以前

　二人のイギリス人，グレイ（C. H. Gray）とスローパー（T. Sloper）が1913年にラジアルタイヤの特許を得ています．その明細書に"タイヤカーカスはラジアル方向に置かれた柔軟で不伸長性のコードから成り，タイヤの両サイドはラジアルコードだけで補強しているが，トレッド部には柔軟で不伸長材料のベルトを用いる．ベルトはコード織物や斜めに裁断したキャンバス，またはそれらの組合せでできている"と述べられています．この明細書には現在のラジアルタイヤの基本がすべて含まれており大変感心させられます．

しかしこの二人のアイディアは第1次世界大戦の勃発などのために日の目を見ずに忘れられてしまいました．

次いで1921年にアメリカのフェイファーという人がラジアルタイヤの特許を取り，相当数を生産・販売しましたがベルト層を入れなかったために結局不成功に終わりました．

（2） ミシュラン社のスチールラジアル

ミシュランは自動車用タイヤの開発で世界に先駆けましたが，スチールコードをタイヤに使用することに関しても他をはるかに引き離して，早くも1937年にはバイアスタイヤにスチールコードを使用したタイヤを発売していますが，当時は道路事情も悪く，バイアスタイヤではスチールコードの特徴が活かせず，成功とはいえませんでした．

1921年ころにヨーロッパではフランスのミシュラン，イタリアのピレリ両社がラジアルタイヤの試作を始めています．そしてミシュランは1929年には鉄道会社と協定を結び，空気入りタイヤを装着して走る軌道車両の設計に協力し，プライ，ベルトともスチールコードを使ったタイヤの開発を進め，1946年ラジアル構造の地下鉄用スチールタイヤを発売しました．現在でもパリの地下鉄2系統でスチールラジアルタイヤを着けた車両が運行されています．

1948年になってミシュランは乗用車タイヤ"X"ラジアルを発売しています．このタイヤは1946年に得た特許に基づいて，1プライのレーヨンカーカスの上にスチールコードの3枚ベルト構造を採用していました．図1.16でおわかりのようにほぼ幅方向に並べた第1ベルトの上に，ほぼ周方向に向けて交差するように配列した第2，第3ベルトの3枚で三角形構造をつくってがっちりした"たが"とするものでした．このタイヤはミシュランの主張どおり耐久性，耐摩耗性が抜群で操縦安定性も良く，路面のグリップも優れて

1.5 スチールラジアルタイヤの時代

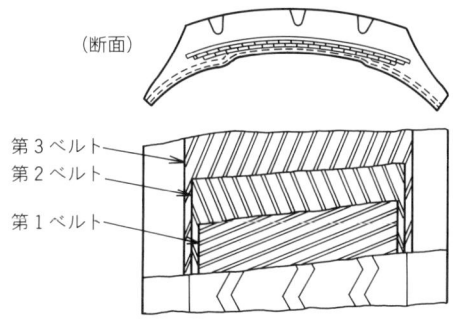

**図1.16 ミシュランの三角形（3枚）
構造スチールベルト**

いたので大変注目を集め，販売量も大幅に伸びたのですが，惜しいことにがっちりした"たが"のデメリットで乗り心地が十分ではなく，急カーブで限界に達したときに急なスピンを起こしやすいという欠点ももっていましたので，いまだこれが主役というまでには至りませんでした．この間隙を縫って次項でおはなしするピレリ社のレーヨンベルトラジアルが短期間ではありましたが，主役の座についたのです．

ミシュランには1949年に，3枚ベルトのコストを下げるため2枚のスチールベルトを硬いゴムでサンドイッチすれば，ゴムが幅方向に配置されていた第1ベルトの代役を果たして，がっちりした"たが"をつくるというベルト構造の基本的な特許を取得していました（図1.14に示しました普通の乗用車ラジアルは全部といっていいほどこの特許の構造でつくられています.）．1968年にこの特許に基づくタイヤが"ZX"という名前で発売されると，"X"の欠点を改善したすばらしい性能を示し世界中で高い評価を受け，短期間で主役の座を占めることになりました．

一方でミシュランは地下鉄用スチールラジアルタイヤの開発成功に引き続きトラックタイヤにもその成果を適用し,その後世界中で大成功を収めることになる"XZZ""XY"を1958年に発売しています.

1920年代の初期からスチールラジアルタイヤに関して,スチールコード,その表面のめっき(ゴムと接着させるため真鍮(しんちゅう)めっきが必要),それと組み合わせるゴム,構造・形状,トレッドパターン,製造方法等未知の分野の研究開発を30〜40年も続けてようやく成功したもので,その努力と世界の自動車産業,タイヤ産業に対する多大な貢献に敬意を表するものです.

### (3) ピレリ社のレーヨンベルトラジアル

ミシュランとほぼ同時期にラジアルタイヤの試作をスタートしたピレリは,ミシュランの"X"ラジアルが伸び悩んでいた時期,1953年にスチールではなく有機繊維をベルトに採用したラジアルタイヤを"チンチュラート"という名前で発売しました.イタリア語でベルトという意味だそうです.実際にベルトとプライ両方に使われたのはレーヨンコードでした.ベルトの構造は図1.17に示されているようにコードの向きはほぼ周方向で,倍幅のベルト材を半

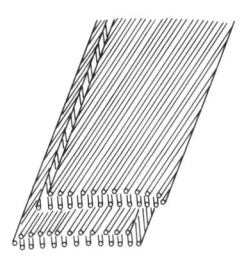

図1.17 ピレリの折り畳みテキスタイルベルト

## 1.5 スチールラジアルタイヤの時代

分に折って 2 枚のベルトとし,逆側に折った同じく 2 枚のベルトと重ね合わせ,折り畳み 4 枚ベルトにした構造が主体でした.この構造は"X"ラジアルの欠点である乗り心地の悪さとスピンしやすさを改善したものとして世の中に受け入れられました.しかしこのタイヤにもやはり欠点がありました.そのうち最大のものは,ショルダ部だけが著しく早く摩耗したり,あるいは逆にトレッドのセンタ部が早期にすり減ってしまったりという偏摩耗が起こりやすく,結果としてタイヤの寿命が短くなるという欠点です.

そもそもヨーロッパで乗り心地が良いとはいえなかった当時のラジアルタイヤが,市場に受け入れられる素地をつくったのは次の二つの状況です.

一つ目は自動車の性能が上がってくるにつれてバイアスタイヤの性能,特に操縦安定性が追いついていけなくなってきたのに対し,ラジアルタイヤなら十分な操縦安定性を提供できることが認識されたのです.高速走行になればなるほど障害物回避のときの危険防止のためにハンドルの切れが良くなくてはなりません.そのためにはタイヤのコーナリングパワーが大きいことが要求されます.また急カーブでスピンしないためにはコーナリングフォースの最大値が高く,しかも限界がドライバーに感じ取れなくてはなりません.特に安定性が劣る傾向のあるリヤエンジン車の場合,スピンしにくいタイヤ特性が大変重要になります.なんといってもドイツのアウトバーンで速度制限を受けずに走れるという環境がラジアルタイヤにとって幸いしたといえるでしょう.

そして二つ目は FF 車です.ミニクーパーは最近日本でも見かけますが,ずっと以前から大変良い車としてヨーロッパでたくさん使われていました.しかしこの車の泣きどころは前輪タイヤの摩耗寿命がとても短いことでした.もともと FF 車の前輪タイヤは重量配

分が大きい上に，制駆動力もコーナリングフォースも路面に伝えねばならないため，摩耗がある程度早いのもやむを得ないところがありますが，ミニクーパーはその上にタイヤの選定がやや小さすぎる傾向にあり，ショルダの早期摩耗もあって，バイアスタイヤでは寿命が数千キロメートルしかない例も珍しくないという状況でした．

このような状況の下ですから，ピレリのテキスタイルベルトのラジアルタイヤは，操縦安定性能や乗り心地では大変高く評価されましたが，FF車前輪タイヤの摩耗寿命・偏摩耗改善の点ではバイアスタイヤよりはかなり良くなったものの，十分な満足が得られない結果となりました．

**（4） バイアスからラジアルへ，レーヨンからスチールへ**

図 1.18 に日本の乗用車，トラック及び小型トラックタイヤのラジアル化率の推移を，また図 1.19 にはヨーロッパ，アメリカ，日本の乗用車タイヤのラジアル化状況が示されています．このグラフから今までおはなししたような変化が大変急激に起こったことがよくおわかりいただけると思います．そして図 1.20 にはドイツで起こったバイアスからレーヨンベルトラジアルへ，さらにスチールベルトラジアルへ主役の移行状況を示しました．これらのデータから見ても現在は文字どおりスチールラジアルの時代といえましょう．この章でおはなししたかったことはもう既におわかりのとおり，ミシュランが先頭に立って開発・販売し，世界中のタイヤメーカが追いかけて実施したスチールラジアル化が，タイヤにとってエポックメーキングな転換だったということです．ただしバイアスタイヤにも例えば次のように優れた点がいくつもあります．

① コストが低い
② 軽い
③ 凸凹道で乗り心地が良い

1.5 スチールラジアルタイヤの時代

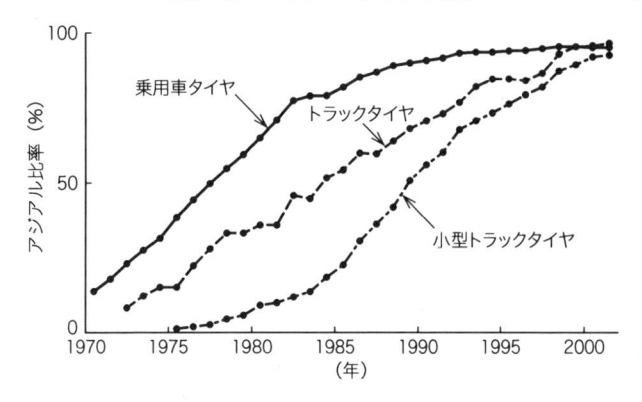

図1.18 日本タイヤ生産のラジアル比率[15]

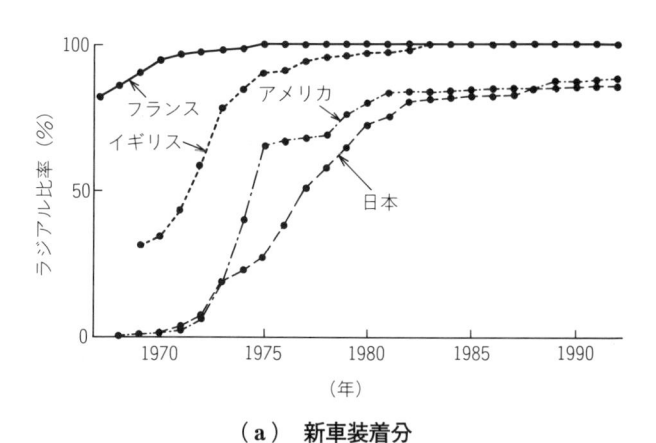

(a) 新車装着分
図1.19 乗用車タイヤのラジアル比率

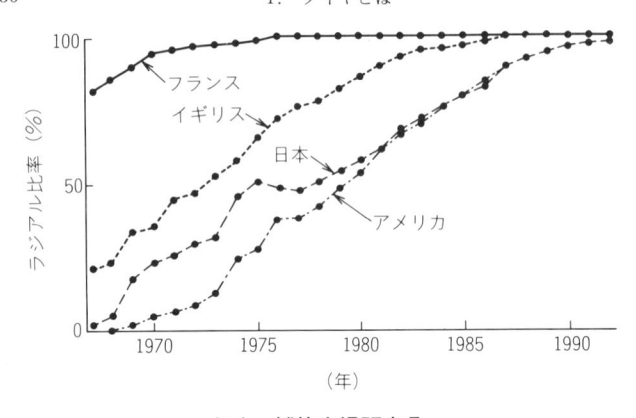

(b) 補修市場販売分

図1.19 乗用車タイヤのラジアル比率 (つづき)

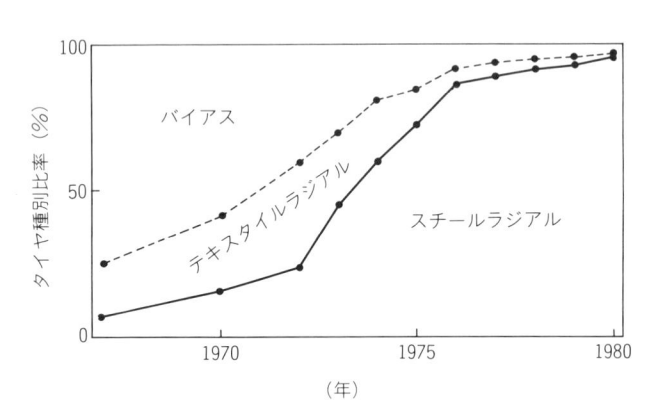

図1.20 西ドイツ乗用車タイヤラジアル化の推移 (補修用販売)

④ 悪路で耐久性が良い

いずれもラジアルタイヤとの一般的な比較ですが，低速の車を中心に，道路事情の悪い地域で今後も長く使用されるでしょう．

それでもなお，現在はスチールラジアルタイヤの時代であることに違いはありませんので，本書ではスチールラジアルタイヤ，それも読者のみなさんの身近にある乗用車タイヤを主体に説明することにしました．

そして，ラジアルタイヤの性能・技術の面では少なくとも1960年代あるいは1970年代までヨーロッパがアメリカをリードしており，日本は1980年代の半ばまでひたすらヨーロッパ，アメリカを追いかけ，ようやく追いつきました．その後の努力もあって現在では得手，不得手はありますが，欧米のメーカーと互角に渡り合っている状態です．

# 2. "空気入りスチールラジアル"の時代

## 2.1 なぜ"空気入り"?

これまでに何回も"空気入りが大事なのです"と繰り返してきましたので,タイヤの四つの機能ごとに"空気入り"でなくてはならない点について整理しておきましょう.

### 荷重負担効率

鉄道車両用の鉄輪や馬車用の車輪が,一般道路上を走行する今日の自動車に使えないのは明らかですからこれを除外し,ゴムソリッドタイヤと空気入りタイヤの荷重負担効率を比べてみましょう.乗用車タイヤとズバリ対応するソリッドタイヤは現在ではつくられておりませんが,フォークリフトに使われる産業車両用のタイヤに,空気入りとほぼ同じ寸法・形状のソリッドタイヤがあります.金属片を踏んでもパンクせず,かなり乗り心地も良いタイヤを目標としたもので,タイヤの断面を図2.1に示します.規格上ではこの種のタイヤを"ニューマティック形クッションタイヤ"と呼んでいますが,以降この種のタイヤを簡略のため商品名"パンクノン"で示します.表2.1にパンクノン,普通のソリッドタイヤと空気入りタイヤを比べてみました.

この表の下から3行目,負荷能力/重量はタイヤの負荷能力をタイヤ重量で割った値で,構造の差にかかわらずエイヤッと重量そのもので割るのはいささか乱暴ですが,荷重負担効率,いい換えれば

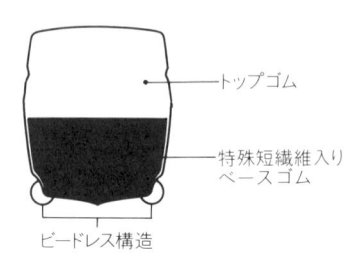

**図2.1 パンクノンの構造**

(トップゴム／特殊短繊維入りベースゴム／ビードレス構造)

**表 2.1 空気入りタイヤとソリッドタイヤの比較**

| 特性 \ タイヤの種類・サイズ | 空気入りタイヤ 6.00-9 10PR | パンクノン 6.00-9 | ソリッドタイヤ $16 \times 6 \times 10\frac{1}{2}$ |
|---|---|---|---|
| 外　　　径　mm | 540 | 538 | 406 |
| 　　幅　　　mm | 163 | 148 | 152 |
| 重　　　量　N | 98 | 267.5 | 178.4 |
| 空　気　圧　kPa | 850 | — | — |
| 負 荷 能 力　N | 18 669 | 19 061 | 16 856 |
| 最 大 速 度　km/h | 35 | 25 | 16 |
| 仕 事 能 力　kN·km/h | 653 | 477 | 270 |
| 仕事能力/重量　kN·km/h/kN | 6 668 | 1 783 | 1 512 |
| た わ み　mm | 29.0 | 28.6 | 11.9 |
| 幅 増 加　mm | 14.8 | 23.9 | — |
| 接 地 面 積　cm² | 244.0 | 253.8 | 140.5 |
| 接 地 幅　cm | 13.7 | 13.7 | 12.2 |
| 接 地 長 さ　cm | 18.4 | 20.8 | 13.5 |
| 負荷能力/重量　N/N | 190.5 | 71.2 | 94.5 |
| 接 地 圧　kPa | 780 | 770 | 1 220 |
| 転 が り 抵 抗*　N | 303.8 | 315 | — |

\* 荷重 14 700 N，速度 10 km/h

2.1 なぜ"空気入り"?

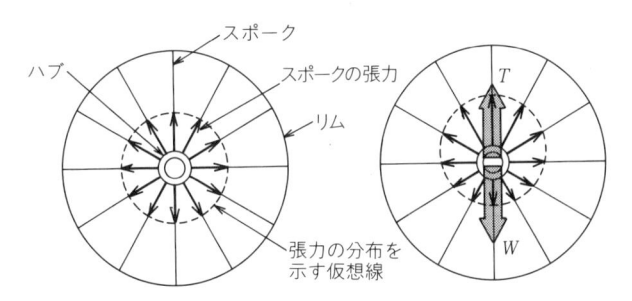

**(a)** 荷重がかかっていない状態でスポークの張力は均一

**(b)** 荷重 $W$ がかかるとスポークの張力分布が変化し、上向きの合力 $T$ が $W$ とつり合う

**図 2.2　自転車のワイヤスポーク式車輪**

材料使用効率の概略値を表していると思います。なんといっても空気入りタイヤのこの値がソリッドタイヤの倍以上あるのが注目点です。なぜ空気入りタイヤの効率が良いのかは4章の説明でわかっていただけると思います。ここでは参考までに空気入りタイヤと似た状態がワイヤスポーク式ホイールで見られることをおはなししておきましょう。

図 2.2 (a) は荷重がかかっていない自転車の車輪で、スポークは均一な張力で張られています。(b) のように荷重がかかると下側のスポークの張力が減少して、スポーク全体の張力を合計すると上向きの合力 $T$ となり、これが荷重 $W$ とつり合っています。スポークの張力で荷重がかかった車軸をつり下げているといってもよいでしょう。空気入りタイヤもほとんど同じようにタイヤ全体の張力で荷重をつり下げているので、材料使用効率が高くなるのです。

また、パンクノンは空気入りタイヤに比べると重くて転がり抵抗

が大きくなっています。転がり抵抗は熱に変換されますので空気入りタイヤよりパンクノンのほうが発熱が大きく、しかも、熱の不良導体であるゴムの塊ですから、熱の発散も悪く、タイヤの温度が上がりがちということになり、ゴムの熱分解を防ぐため走行速度を低く抑えることが必要です。したがって表2.1に見られるとおり最大速度は空気入りタイヤの35 km/hに対して、パンクノン25 km/h、ソリッドタイヤ16 km/hと決められています。この結果仕事能力（負荷能力×最大速度）が小さくなります。表2.1に仕事能力とそれをタイヤ重量で割った値も示しておきました。負荷能力/重量では2倍あまりですが、仕事能力/重量では3倍以上となって、よりいっそう空気入りタイヤの材料使用効率の良いことがはっきりします。

### 空気圧を使わないタイヤ

余談ですが、前に出てきた鉄輪やソリッドゴムタイヤ以外の空気圧を利用しない変わったタイヤを紹介しておきましょう。

それは月面車のタイヤです。正式名称は"無人月面移動探査機"というそうですが、車両重量8.8 kN程度が想定されており、小型乗用車より少し軽い設計で、4本のタイヤで支えると1本あたり2.2 kNになり、地球上では軽乗用車タイヤ程度の負荷容量です。しかし月の重力が地球の1/6しかありませんので、タイヤ1本で372 N弱を支えればよいことになります。図2.3のようなタイヤが1991年11月のモーターショーに日産自動車から出品されたモデルに装着されていました。ばね鋼のテープをタイヤの形状に編み上げてあります。

月面では極端な低温になりますから、どんなゴムを使ってもカチカチになり衝撃を全然緩和しなくなるので、ゴムや空気圧を利用せ

**図 2.3　月面車用タイヤ** (1/2 モデル)

ずばね鋼の編み上げでクッション効果を出そうというアイディアが出されたのでしょう．

### 乗り心地

　一般にソファーやベッドの座り心地，寝心地を話題にするとき，中に入っているスプリングやフォームラバーが軟らかくてよくたわむものほど，これはクッションが良いと喜ばれるようです．自動車の乗り心地の内振動が関係する部分で，特に比較的大きい路面の凹凸に起因する振動の場合は，これと同じように自動車の懸架ばねとタイヤのばねが軟らかいと，乗り心地が良いのです．技術的なおはなしは5章に譲りますが，タイヤの歴史の中では空気圧を下げてタイヤを軟らかくできるように，タイヤの断面を少しづつ大きくし，そのために外径が大きくなりすぎないようにタイヤを偏平化したりリム径を小さくしてきました．この変遷の模様を図2.4に示します．この図はすべてバイアスタイヤで，アメリカの主導で推移した変化です．空気入りタイヤ採用の初期に大変高い空気圧で使われていたものが，1935年に始まった6.00-16のようなサイズ表示のロー・

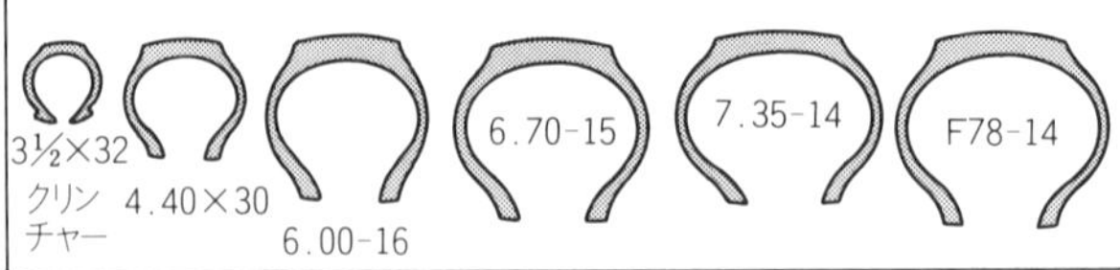

2. "空気入りスチールラジアル"の時代

| 年 | 1913年 | 1927年 | 1935年 | 1949年 | 1964年 | 1969年 |
|---|---|---|---|---|---|---|
| 形状 | 3½×32 クリンチャー | 4.40×30 | 6.00-16 | 6.70-15 | 7.35-14 | F78-14 |
| リム径の呼び | 23 | 21 | 16 | 15 | 14 | 14 |
| 外 径(mm) | 805 | 772 | 721 | 711 | 678 | 673 |
| 幅 (mm) | 99 | 109 | 157 | 170 | 197 | 201 |
| アスペクト比 | 1.11 | 1.09 | 1.0 | 0.97 | 0.82 | 0.78 |

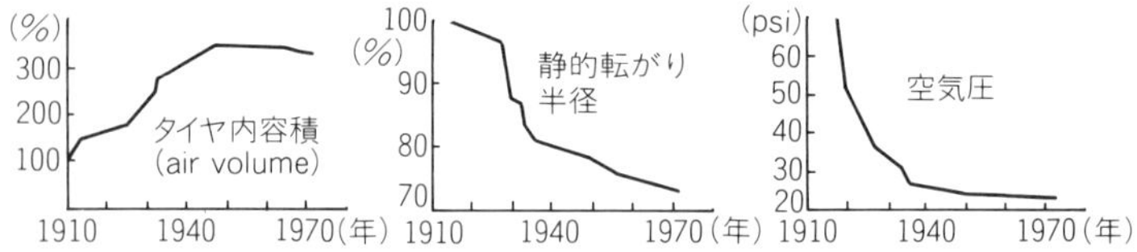

図2.4 乗用車タイヤ形状,寸法と空気圧の変遷[16]

プレッシャー (Low Pressure) シリーズでは，空気圧が36 psi＝250 kPa，1949年の6.70-15等のスーパー・ロー・プレッシャー(Super Low Pressure)シリーズでは24 psi＝170 kPaまで下がりました．これだけ空気圧が下がれば当時の人々は乗り心地改善効果を大歓迎したのではないでしょうか．

　鉄輪，ソリッドタイヤ，空気入りタイヤのばね定数を比べてみましょう．乗用車タイヤに相当するような鉄輪やソリッドタイヤはありませんので，公平な比較とはとてもいえませんが，概略は表2.2のようなところです．空気入り乗用車タイヤのばね定数はソリッドタイヤの1/7以下で，乗り心地の点で大変優れているのはいうまでもないことでしょう．乗り心地を左右するものは振動と騒音の二つに大別でき，それぞれが路面の凹凸に起因するものとタイヤの振れやアンバランスが原因になっているものがあります．これらは車外

## 表 2.2 各種タイヤのばね定数概略値比較

| タイヤの種類 | 鉄輪 | ソリッドタイヤ | 乗用車タイヤ |
|---|---|---|---|
| 縦ばね定数 N/mm | ∞ | 1 470 | 196 |

騒音を含めて詳しく研究されており，5章でおはなしします．

### 路面に力を伝達

　タイヤメーカがサポートする自動車レースで1レースに何種類のタイヤが用意され，何本くらい使用されるのかご存知でしょうか．2001年のF1レースで1台平均130本のタイヤが用意されました．タイヤの種類はF1のレギュレーションに従って

　　　　　晴天用………2種
　　　　　雨天用………3種

です．実際に使用したのは，1台当たり10セット40本であったといいます．なぜ多種多量のタイヤをこんなに準備するかといいますと，少しでも高い摩擦係数を得て加速，減速，コーナリングを速くしたいからです．ゴムの摩擦は大変複雑な現象を含んでおり，一筋縄ではいかないところがあります．同一荷重のもとでは接地面積が広いほど，いい換えると接地圧が低いほど高い摩擦係数が得られます．したがって車体が軽い割に大きいタイヤを装着し，しかも晴天用ではパターンのないスムーズタイヤを採用して，できる限り大きな接地面積を得ようとしてきました．しかし，車両の速度が速くなりすぎたため，F1では速度抑制を目的として，1998年より溝付きタイヤの使用が義務づけられました．

　トレッドゴムは，170～180℃になるとゴムや配合剤の揮発しやすい成分が気化して，スポンジ状になりゴムが飛び散ってしまいますが，この直前で最も高い摩擦係数が発揮されます．したがって晴

天用のタイヤでは，走行するときの気温，路面温度，タイヤ温度を想定し，壊れる直前の温度で使用できるように何種類ものトレッドゴム質を載せたタイヤを準備します．

　一方，雨天用については雨の量，路面上の水の深さによって溝の数，溝の幅及び溝の深さを変えたものを準備します．普通周方向に走るまっすぐの溝が大部分で，接地面から水を排除してトレッドが直接路面に接することができるように，排水効果を考えて決定します．

　このようにタイヤも車も準備され，その結果としてＦ１のレースでは最大の駆動加速度が約 1.3 G*，最大制動加速度（減速度）が 3.0 G に達するそうで，これ以上の加速・減速にはドライバーの身体が耐えられないそうです．言い換えると摩擦係数は加速が 1.3 で制動が 3.0 となりますが，実はこの値はレーシングカーの静止重量で計算しているためです．最近のレーシングカーには飛行機の翼を裏返しにしたようなウィング（翼）が取り付けてあり，空気力学的に車を路面に押しつける下向きの力，ダウンフォースが働くので 250〜280 km/h で走ると優に静荷重の 4 倍以上の荷重がタイヤにかかっていますから，見掛け上摩擦係数が 2.0 どころか 4.0 になってもおかしくないのです．つまり制・駆動力を発生する源の摩擦係数は，やはり最大 1.0 程度なのです．コーナを曲がるときの横加速度もＦ１クラスで 4.1 G 位だそうですから，横方向摩擦係数も見掛けの値が約 4 で実質は最大 1.0 程度ということになります．タイヤの摩擦について考えるときには，このようなゴムの摩擦のほかにタイヤ表面の模様，トレッドパターンの効果や接地面内のトレッドの動き等についても考察しなければなりません．さらに 1980 年代に世間

---

\* $9.80665 \text{ m/s}^2$ の加速度を 1 ジー（G）と称し，加速度の単位として用いる慣行も見受けられる．

を騒がせたスパイクタイヤ問題や，スパイク禁止後のツルツル路面対応等も欠かすわけにはいかないと思います．摩擦については6章でおはなししますが，おはなし科学・技術シリーズ『摩擦のおはなし』(日本規格協会発行)を併せてお読みいただければ一層興味深いと思います．

### タイヤのコーナリング特性

　鉄輪，ソリッドタイヤと空気入りタイヤのコーナリング特性を公平に比較できるようなデータは残念ながら入手できません．なぜならば，そのようなタイヤそのものがないからです．そこでずいぶん前にとったものですが，図 2.5 にコーナリング特性のうち代表的なデータであるスリップ角―コーナリングフォースのグラフを示します．スリップ角は舵角ではなく，車が進んでいる方向とタイヤの中

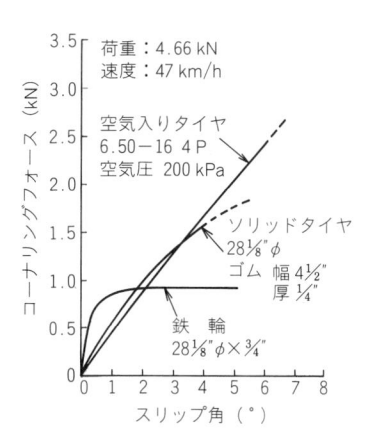

**図 2.5　空気入りタイヤ，ソリッドタイヤ，鉄輪の操縦特性比較**[17]

心面との角度です．またコーナリングフォースとはそのとき車の進行方向に直角に働く横向きの力のことです．ハンドルを切ってタイヤが車の進行方向に対して斜めを向いたときに発生するこの横向きの力で車の方向を変えるわけですから，次のような状態であることが望ましいのです．

① このグラフの傾斜，つまりスリップ角1°あたりのコーナリングフォース（"コーナリングパワー"と呼ばれています）が高いものがよいのです．

② このグラフができるだけ先のほうまで伸びていること．つまり大きなスリップ角まで利用でき，かつコーナリングフォースの最大値が高いほど摩擦係数が高く，グリップが良いわけです．

③ コーナリングフォースが最大値より先で急激に減少しないこと．急激に減少するタイヤでは限界まで使ったハードコーナリングの際にブレークアウェイ，つまりスピンを起こしやすいのです（例えば図7.4，7.7，7.8参照）．

以上の3項を頭に置いて図2.5を眺めると，空気入りタイヤでなければ希望条件を満たせないことは明らかです．詳しいことは7章でおはなししますが，スリップ角がついたときに空気入りタイヤはかなり大きな横変形を起こし，その結果としてコーナリングフォースを発生しているからこそ，ハンドルを切った感じと車の動きが人間の感覚に合うわけで，ごく小さな横変形しか起こさないで飽和に達して滑り出す鉄輪やソリッドタイヤでは，とうてい上記の希望条件を満たすことができず，ドライバーの感覚にも合いません．このデータを測定したときの路面は樫板ですが，鉄輪の横方向摩擦係数はわずか0.2にすぎません．電車が高速でカーブを走行できるのは，レールが横向きの力を車輪に与えているからです．

以上が"なぜ空気入り？"に対する説明です．

## 2.2 なぜ"スチールラジアル"?

前章1.5節でおはなししたように,いろいろな点でスチールラジアルタイヤが優れているため,現在のタイヤは殆んどこのタイプになっています.そこでごく一般的なタイヤ構造間の比較データをお目にかけましょう.

表2.3を眺めてみて下さい.ここに取り上げた特性でタイヤの優劣を全部代表しているわけではありませんが,スチールラジアルに優れた点が多いことは一目でおわかりいただけると思います.先におはなししたとおり,ヨーロッパでラジアルタイヤが受け入れられた第1の理由は操縦安定性の良さであり,第2の理由が優れた耐摩耗性であったのですから,この2点について少しおはなししましょう.

摩耗寿命は道路条件,走行条件等で著しい差がありますので,一概にいうことがむずかしいのですが,スチールラジアルタイヤの摩耗寿命は表2.3にあるとおり,バイアスタイヤの2倍程度とみて差し支えないでしょう.ごく普通の道路を普通の運転で走行していれ

**表 2.3 各種タイヤの特性比較**

( )内は%

| 特 性 \ タイヤの種類 | ポリエステルバイアス | テキスタイルラジアル | スチールラジアル |
|---|---|---|---|
| 摩耗寿命　% | (100) | (130) | (200) |
| 縦ばね常数　N/mm | 171.5(100) | 142.1( 83) | 131.3( 77) |
| 制動摩擦係数 | 0.74(100) | 0.79(107) | 0.80(108) |
| 転がり抵抗　N | 87.22(100) | 69.58( 80) | 63.7( 73) |
| コーナリングパワー　N/deg | 470(100) | 539(115) | 676(144) |
| コーナリング係数　N/deg/N (コーナーリングパワー/荷重) | 0.12(100) | 0.14(117) | 0.18(150) |

タイヤサイズ165 SR 13相当,空気圧170 kPa,荷重3 773 N

ば，FF 車であっても変な摩耗をさせない限り 5〜6 万キロメートルは十分使えるはずです．

次に操縦安定性ですが，詳細は 7 章に譲ることにして，ここではコーナリングパワーが大きいほどハンドルの効きがシャープで操縦性が良いと考えて下さい．また，コーナリングパワーがかなり小さい場合は，高速でハンドルを切ったときや横風を受けたときに車がふらつき，ドライバーに不安感を感じさせる現象が起こります．つまりこの点でもスチールラジアルの優位性が明確です．

コーナリングパワーでは車の大きさ，タイヤのサイズごとに値が違いますので，サイズが違っても比較できるように，コーナリングパワーを荷重で割ったコーナリング係数（CC：コーナリングコエフィシェント）が使われます．日本でラジアルタイヤが使われ始めたころ，CC のレベルと車の挙動を対比してみたことがありましたが，次のような結果でした．現在ではもっとハイレベルの CC になっています．

| CC のレベル | 車の挙動（操縦安定性の状況） |
| --- | --- |
| 0.10 以下 | ハンドルの応答が鈍く，ふらつきが発生する |
| | リヤエンジン車ではふらつきが発散してスピンも |
| 0.11〜0.12 | ごく普通の挙動で物足りないが問題は起こらない |
| 0.13〜0.20 | ハンドルの切れが良く，ふらつきも発生しない |

ナイロンコードはモジュラスが低い（引っ張られたときに伸びやすい）ため，ナイロンバイアスタイヤはどうしても 0.1 程度の小さい CC しか得られませんので，高速で走行するヨーロッパでふらつきの問題が多発しました．たとえバイアスタイヤでもモジュラスの高いレーヨンコードを使ったタイヤでは 0.12 程度の CC を得ることができます．リヤエンジンの名車として名高いフォルクスワーゲ

ンは，6.00-15 L という特別なサイズのレーヨンバイアスタイヤを採用して操縦安定性の問題に対処していました．このサイズのタイヤは 0.13 くらいの CC を発現して，フォルクスワーゲンのふらつき問題を防いでいたのです．しかし，そのフォルクスワーゲンにラジアルタイヤを装着すると，"曲がった年寄りの腰がシャンと伸びた感じだ"といった人がいましたが，格段に操縦安定性が良くなり，まずヨーロッパでラジアルタイヤが受け入れられ，普及したのもうなずけるところです．このような点でバイアスタイヤよりテキスタイルラジアル，それよりさらにスチールラジアルが優れているのです．

以上の2点のほかに，表2.3に示されているとおり転がり抵抗が小さいことや，摩擦係数が高いことなどラジアルタイヤ，特にスチールラジアルタイヤの優れている点が多々あります．自動車の燃費改善が全世界自動車産業の大目標とされている今日，転がり抵抗を小さくできる点も大きな長所です．

もちろんスチールラジアルにも泣きどころがあります．第1にスチールですから有機繊維より重いという欠点があります．次にゴムと複合体をつくったときに高い剛性が得られるために，上記の特徴を発揮できるのですが，非舗装の悪路を走るときにはこれが逆にマイナスとなって，乗り心地を悪くしますし，特に空気圧が高いトラックタイヤではトレッド面に傷を受けやすいということにもつながります．スチールですからトレッドに傷を受けてそこから水が進入しますと，さびを発生して故障の原因にもなります．しかし，このような欠点も様々な研究開発によって改善されていますし，全体として見たときにやはりスチールラジアルの優位は動かぬところなのです．

この項の最後につけ加えておきたいのは，バイアスタイヤに対し

てラジアルタイヤがもっているもう一つの決定的な長所のことです．4.1節でおはなししますが，バイアスタイヤはコード角度を決めると一義的にタイヤの形状が定まってしまいます．コード角度を小さくして（コードを周方向に近づけて）偏平比を小さくしますと，クラウン部の剛性が上がり操縦性を改善することができますが，同時にサイドウォールの剛性も上がって乗り心地が大変悪くなります．

　これに対しラジアルタイヤでは偏平タイヤにしてベルト部の剛性を上げ操縦性を良くし，しかも，サイドウォールの形状と構造を工夫することによってサイド部の剛性が上がらないように，あるいは下げることすら可能なのです．このようなことについては4章で説明します．ベルト部の剛性が上がると路面の小さな凹凸に起因する振動・乗り心地は悪くなりますが，これは最近の自動車サスペンションの進歩で十分カバーされ，路面のうねりのような大きな凹凸に対してはサイドウォールの剛性ダウンで対処できます．乗り心地については5章でおはなしします．つまりラジアルタイヤではベルト部とサイドウォール部で役割分担することができ，いい換えれば設計の自由度が増したわけです．バイアスタイヤの時代でも一時偏平化に向かいかけたことがありましたが，乗り心地の悪化が障害となって進展しませんでした．1980年代初めからの20年余りで40シリーズまでの偏平シリーズが規格化されてその高性能が活用されるようになり，新車装着タイヤのメインは65シリーズ，次いで60シリーズとなって，今や偏平シリーズの時代といっても過言ではないでしょう．そしてこのように偏平化が進んだのは，車両側の大幅の改良に依存するのはもちろんですが，ここで説明しましたラジアルタイヤの長所の寄与も，特筆に値すると思います．

　なお，偏平化のメリット，デメリットはいろいろな性能にまたがりますので，それぞれの性能のところで説明します．

# 3. タイヤの基礎知識

4章以降のおはなしを進める準備のため，この章の前半ではタイヤの種類，サイズ，そしてサイズに応じた空気圧，荷重や最高速及び適用するリム，さらに安全基準等を簡単に説明し，次にホイールとリムについても簡単にふれます．そして章の後半ではタイヤの材料とその複合化についておはなしします．

## 3.1 タイヤの種類，サイズ

### タイヤの規格

タイヤには主要国にそれぞれ国家規格や基準，業界としての団体規格があり，日本ではJIS（日本工業規格：Japanese Industrial Standards），道路運送車両の保安基準，JATMA〔(社)日本自動車タイヤ協会：The Japan Automobile Tire Manufactrers Association, Inc.〕のYEAR BOOKがそれに相当します．ここでは実務上よく使用されているJATMA YEAR BOOK 2002年版を主体に，規格に定められているタイヤの種類，サイズ，空気圧や荷重，その他関連事項について説明します．

もともとタイヤサイズ，空気圧，荷重の系統として，アメリカ系とヨーロッパ系がありましたが，標準化も国際化し，ISO(国際標準化機構：International Organization for Standardization) 規格に則って見直しが進んでいます．日本自動車タイヤ協会は世界のタイヤ技術の進歩に即応したタイヤ規格 JATMA YEAR BOOK を作

## タイヤの種類

JATMA YEAR BOOK には(1)乗用車用, (2)小型トラック用, (3)トラック・バス用, (4)建設車両用, (5)農業機械用, (6)産業車両用, (7)二輪自動車用の7種類のタイヤが用途別に記載されています. そしてそれぞれの種類がさらにいくつかのグループに分かれるのですが, 本書では乗用車タイヤのうち, 標準として記載されているサイズのグループ分だけを説明します. 標準サイズに限るとバイアス構造は応急用タイヤだけとなります. またタイヤの種類としては夏タイヤと冬タイヤと言うような分け方もできますが, ここでは通常のタイヤと応急用タイヤに分けるに止め, 表3.1に整理しました. これを"タイヤのシリーズと偏平比"の項で説明します.

なおこのJATMA YEAR BOOKには標準のサイズの他に(1)今

表 3.1 乗用車タイヤのグルー

| | | 2002年版 JATMA | | | | | | | |
|---|---|---|---|---|---|---|---|---|---|
| 種類 | | 通常のタイヤ | | | | | | | |
| 構造 | | ラジアル | | | | | | | |
| シリーズ | | 40 | 45 | 50 | 55 | 60 | 65 | 70 | 80 | 計 |
| サイズ数 | | 6 | 10 | 15 | 20 | 28 | 41 | 51 | 22 | 193 |
| リム径 | Min | 17 | 16 | 15 | 14 | 13 | 12 | 12 | 12 | |
| の呼び | Max | 18 | 18 | 18 | 18 | 18 | 17 | 16 | 16 | |
| タイヤ幅 | Min | 205 | 205 | 165 | 155 | 175 | 155 | 145 | 135 | |
| (mm) | Max | 245 | 245 | 235 | 235 | 275 | 275 | 275 | 235 | |
| 最高速度 | Min | 270 | 270 | 240 | 240 | 210 | 180 | 180 | 180 | |
| (km/h) | Max | 300 | — | 270 | 270 | 240 | 210 | 210 | — | |

備考 1. シリーズはタイヤの偏平比で"60シリーズ"のよう
 2. 同一サイズ表示でも速度記号の異なるものは別のサ
 3. 1981年版にはバイアスタイヤが3シリーズ合計50

後，拡大が期待されるが，まだ時期尚早と考えられるグループ，(2)今後，縮小が期待されるグループ又はサイズ，(3)輸入車装着タイヤ，(4)外国タイヤメーカーの記載要請に基づくサイズなどが「追加情報」と「補足情報」として記載されていますが，ここでは省略します．

**タイヤのシリーズと偏平比**

例えば 60 シリーズというグループは，偏平比 (偏平率) 60%のサイズグループということを意味しています．表 3.1 で見ると 2002 年版には通常のタイヤが 8 シリーズ，193 サイズ記載されており，その内 60 シリーズ以下の偏平シリーズが大半の 120 サイズです．JATMA YEAR BOOK が初めて発行された 1981 年版のラジアルタイヤだけを付記してありますが，55 サイズの内わずかに 15 サイズが偏平シリーズでした．この表を見てスチールベルトラジアル偏

**プ分けとサイズ数他**[18)]

| YEAR BOOK | | | | | | | 1981 年版 | | | |
|---|---|---|---|---|---|---|---|---|---|---|
| Tタイプ応急タイヤ | | | | | | 合計 | 通常のタイヤ | | | |
| ラジアル | | | バイアス | | | | ラジアル | | | |
| 70 | 80 | 90 | 70 | 80 | 90 | | 60 | 70 | 82 | 計 |
| 4 | 4 | 1 | 15 | 6 | 10 | 40 | 15 | 19 | 21 | 55 |
| 14 | 16 | 17 | 17 | 13 | 13 | | 13 | 12 | 10 | |
| 17 | 17 | — | — | 17 | 18 | | 15 | 15 | 15 | |
| 105 | 135 | 105 | 105 | 135 | 155 | | 175 | 145 | 135 | |
| 155 | 145 | 175 | 145 | 165 | — | | 215 | 205 | 215 | |
| 130 | 130 | 130 | 130 | 130 | 130 | | 210 | 180 | 180 | |
| — | — | — | — | — | — | | — | 210 | 210 | |

に呼ぶ．
イズとして数えた．
サイズ記載されていた．

平タイヤの時代に移行したことを痛感させられます．

表3.1にはそれぞれのシリーズに対応するタイヤ幅，リム径の呼び，最高速度の最小，最大値も記載してあります．より偏平なシリーズほどより広幅，大径，高速な仕様になっていることが読みとれます．遠からず高速仕様車には30シリーズ，リム径の呼び20までの扁平タイヤが使用されるでしょう．

### サイズ表示と規格値等

図3.1にISO方式表示60シリーズのタイヤサイド表示を例示し，表3.2に負荷半径がほぼ同じ4種のシリーズのタイヤについて

〈60シリーズ　ラジアルタイヤ〉

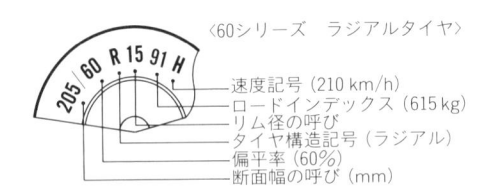

205/60 R 15 91 H
- 速度記号 (210 km/h)
- ロードインデックス (615 kg)
- リム径の呼び
- タイヤ構造記号（ラジアル）
- 偏平率 (60%)
- 断面幅の呼び (mm)

**図3.1　乗用車タイヤの呼びの表示例**[19]

**表3.2　タイヤのサイズ，表示，空気**

| タイヤサイドの表示例 | 断面積の呼び | シリーズ | タイヤ構造記号 | リム径の呼び | ロードインデックス[1] |
|---|---|---|---|---|---|
| 185/70 R 14　88 S | 185 (mm) | 70 | R (ラジアル) | 14 | 88 (5.49 kN) |
| 205/60 R 15　91 H | 205 (mm) | 60 | R ( 〃 ) | 15 | 91 (6.03 kN) |
| 215/50 R 16　90 V | 215 (mm) | 50 | R ( 〃 ) | 16 | 90 (5.88 kN) |
| 245/40 R 17 83 W | 245 (mm) | 40 | R ( 〃 ) | 17 | 83 (4.78 kN) |

注　(1) 負荷能力の指標．ロードインデックス88が5.49 kNを
　　(2) 空気圧は負荷能力いっぱいで使用するときに充填すべき

3.1 タイヤの種類，サイズ

表示と規格値を示しました．呼び表示の意味もこの図3.1と表3.2で読みとって下さい．一般の方々にはサイズ，例えば205/60 R 15等の意味を理解していただければ一応用は足りると思います．

なお，上記のほかに該当するタイヤには次のような事項を表示しておくことが求められています．

| | |
|---|---|
| チューブレスタイヤ | TUBELESS[*] |
| ラジアルタイヤ | RADIAL[*] |
| 冬用タイヤ | SNOW 又は M+S 等[*] |
| 応急用タイヤ | 応急用 |
| 同上 Tタイプ | 空気圧 420 kPa |

注[*]　商品名に含めてもよい

表3.2は異なるシリーズで負荷半径がほぼ同じサイズを並べてあり，前述のように偏平になるほどより広い断面幅で，より大きいリム径のサイズが必要な事をおわかりいただけると思います．

## Tタイプ応急用タイヤ

後におはなしするタイヤのパンクは，道路の整備とスチールラジ

圧，負荷能力，適用リム，寸法[20]

| 速度記号 | 空気圧 (kPa)[(2)] | 適用リム | リム幅の呼び | フランジ形状 | 設計寸法(mm) | |
|---|---|---|---|---|---|---|
| | | | | | 外径 | 負荷半径 |
| S(180 km/h) | 240 | $5\frac{1}{2}$ JJ | 5.5 | JJ | 616 | 287 |
| H(210 km/h) | 240 | 6 JJ | 6 | JJ | 627 | 286 |
| V(240 km/h) | 240 | 7 JJ | 7 | JJ | 622 | 287 |
| W(270 km/h) | 240 | $8\frac{1}{2}$ JJ | 8.5 | JJ | 628 | 291 |

表す．
値．

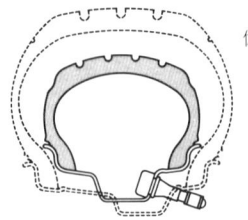

備考：点線は標準タイヤの断面を示す．一般的に標準タイヤより断面が小さく，高い空気圧で使用する．

**図 3.2　T タイプタイヤの断面図**[21]

アルタイヤの普及により大幅に減少しました．これに伴ってめったに使わなくなったスペアタイヤが，相変わらずかなりのトランクスペースを占めているのはもったいないとの考えが主流になりました．しかし，やはりスペアタイヤをなくすには不安が残りますので，1965 年にグッドリッチ社が提案した折り畳み式スペアタイヤがいくつかの車種に採用されました．その後ファイヤストン社が小さい寸法のタイヤに高い空気圧を張って，スペア専用として使おうというアイディアを，"テンパスペア"という名称で提案し，1978 年から逐次アメリカ車に採用され，現在では日本車でもこれが標準になりました．コストと重量の点から現在の日本車にはほとんどバイアス構造が装着されています．このタイプのタイヤは 100 mm 程度の狭い幅のリムに，小さいタイヤを組みつけ，普通のタイヤの倍くらいの空気圧 420 kPa を入れ，パンクしたタイヤと取り換えて使用します．図 3.2 に普通タイヤと対比した断面図を示しました．T タイプのサイズ表示は最初に T をつけることになっており，例えば T 125/70 D 15 となります（D はバイアス構造を表しています．）．

　幅は普通のタイヤよりかなり狭いのですが，外径はそれほどではなく，空気圧が高いため荷重によるたわみが小さく，負荷半径は普

通のタイヤとあまり差がありませんので，普通のタイヤ3本にこのTタイプが1本混じっても，車の挙動に大きな変化はありません．したがってTタイプ応急用タイヤの最高速度は130 km/hとされていますが，一方自動車タイヤ安全基準で応急用タイヤは最寄りの専門店までの一時的な使用とし，速やかに標準タイヤに戻すことと車両メーカの指定速度を守ることを求めています．

## 3.2 タイヤの安全基準

GMのリアエンジン車コルベアの事故に端を発した自動車の安全問題から，1968年にアメリカで安全法が成立し，タイヤについても安全基準が設けられ，世界中でこれに追随することになりました．

日本でもアメリカのそれに準じて，JIS D 4230にタイヤが満足すべき品質基準が定められています．詳細は省きますが，乗用車タイヤについては次の5項目が規定されており，市販されているタイヤはこの基準，もしくはこれに相当する外国の安全基準を満足していることが求められています．

**強度**：突起物に乗り上げてもめったに壊れないように，タイヤ強度の必要最小値を規定．

**ビード離脱抵抗**：チューブレスタイヤが歩道の縁石にぶつかったときなど通常の状況ではリムから外れないように，リム外れ抵抗の必要最小値を規定．

**耐久性能**：室内試験機で最大荷重までかけて走行させ，故障しないことを保証するため，室内試験機で走行させる試験条件を規定．

**高速性能A**：速度150 km/hまで故障しないことを保証するため，室内試験機で走行させる試験条件を規定．

**高速性能B**：160 km/h以上の速度記号を表示したタイヤが，そ

の速度まで故障しないことを保証するため，室内試験機で走行させる試験条件を規定．

その後，この基準に大きな改訂はありませんでしたが，日，米，欧，カナダに加えてオーストラリア，中国，ブラジル，サウジアラビア…と世界中たくさんの国で，それぞれの特徴を加えながら同様のタイヤ安全基準が設定され，あるいは検討されてきました．さらにFordのSUVエクスプローラの事故と，それに伴い2000年から2001年にかけてアメリカで実施されたタイヤ大量リコールを契機として，安全基準見直しの論議がにわかに高まりました．

これを受けてアメリカで2000年11月1日にクリントン大統領がTREAD法（The Transportation Recall Enhancement, Accountability, and Documenntation Act）に署名し発効させました．この法律には12項目にわたって検討，施行が定められていますが，特に関係が深い3項目について説明します．

1. タイヤの表示要件

    タイヤのチェックを容易にしてリコールを促進するために，現在はタイヤの片面に表示されている製造番号（Serial No.）の両面表示や表示順番の変更などを求めるものですが，一方ではタイヤ工場労働者の安全問題，金型変更に伴うコスト増等のため反対意見も多く出されています．

2. 空気圧警報装置

    1万ポンド以下の車両に空気圧警報装置を義務づけようとするもので，警報機の精度や補修用タイヤに取り替えたときの問題等を指摘する声があります．空気圧警報装置については第9章でも説明します．

3. 安全基準の強化

    現在の安全基準（FMVSS）中の性能要件を強化しようとする

もので，高速性能試験と耐久試験のグレードアップ，低空気圧性能試験と老化試験の新規追加，タイヤ強度試験とビード離脱抵抗試験を新しい試験法に変更することなどが考慮されています．

TREAD 法は項目によって異なりますが，即日発効の項目から最も遅いものでも 2002 年 11 月までに Final Rule の制定を目指して検討が急がれています．

日本でも同様の検討がなされると思われますが，まず第1に市販用タイヤのリコール法を 2003 年末に発効させることを予定し，国会で審議が進められています．既に自動車のリコール法があり，新車装着タイヤには自動車リコール法が適用されていますが，市販用タイヤのリコール法が未制定になっているためです．

## 3.3 ホイールとリム

1章でタイヤの歴史とともに車輪すなわちホイールの生い立ちも理解いただけたと思います．丸太の輪切りから始まって合板の車輪，スポーク式の車輪，その中のワイヤスポーク式車輪等が工夫されました．一方タイヤをはめ合わせる部分，つまり，リムの部分は円弧形状をしたウェルチの車輪から，タイヤビードとのはめ合いをより確実にするため，両側が立った形のフランジをもつリム形状に変化してきました．現在では，車輪全体を"ホイール"と呼び，リムとスポークの部分を合わせて"スポークホイール"，スポークのところが円盤状になっているものは，リムも含んで"ディスクホイール"と呼んでいます．

### ディスクかスポークか

 2章の荷重負担効率のところでワイヤスポーク式ホイールの荷重負担メカニズムを説明しましたが,これでおわかりのようにワイヤスポーク式ホイールは最も荷重負担効率が良い,つまりホイールを一番軽くできる方式です.ですから古い年代の自動車,二輪自動車及び自転車に広く使用されました.ところが今では自動車にほとんど使われていません.それは自動車の量産化にあたってワイヤスポーク式ホイールに2,3の欠点があったからでしょう.

① ホイールの組立てが自動化しにくく,大量生産になじまない.
② スポークをリムにニップルで締めつけたところに気密性をもたせるのがむずかしく,チューブレスタイヤには使えない.
③ ホイール製造上の生産性,強度面もあまりよくない.

 現在の量産車種はすべてディスクホイールを採用しています.外観や趣味でアルミ鋳造のスポークホイールを装着している車もたくさん見掛けますが,これはこれでよいのではないでしょうか.

### ディスクのタイプ

 そしてディスクには大別して三つのタイプがあります.図3.3

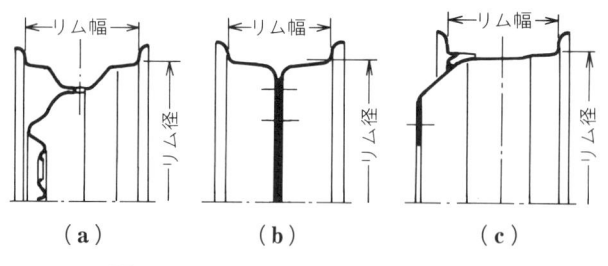

図3.3 ディスクホイールの3タイプ[22)]

(a)は普通の乗用車に使われているものです．しかし，ディスク（円盤）とはいいながら，車種によって断面形状は千差万別といってもよいほどの種類があります．穴のあけ方も違いますし，リム幅の中心とディスク基準面との距離（オフセット量）も違っています．ハブへの取りつけボルト穴の数が違う場合もあります．(b)は"二つ割り（divided type）リム"と呼ばれ，小型のフォークリフト等産業車両やスクーターに使用されるリムです．このタイプはリムとディスクが半分ずつ一体成型されており，ディスク部分は文字どおり平らな円盤状です．(c)はトラックに使われるホイールで，複輪で使用するときにディスクの出っ張った面同士を合わせて車に取りつけることにより，ちょうどよい複輪間隔が得られるように，オフセット量をかなり大きく取ってあります．

### リムの輪郭

リムとタイヤが接する部分の形状は，当然ながらお互いにうまく適合していなければなりません．したがって，やはりJATMA YEAR BOOKのR章リムの輪郭にタイヤを装着する側の形状を規定してあります．その詳細については省略しますが，図3.3(a)は"深底（drop center）リム"と呼ばれ若干のバリエーションはありますが，乗用車は全部このタイプのリムといってよいでしょう．タイヤをリムに組みつけるとき，タイヤビードの一部をこの深底部に落とし込み，反対部分がフランジを乗り越せるように工夫されています．タイヤのビード部が乗っかるビード座の部分には5°のテーパがついており，少し締め代をもったタイヤのビードが空気圧でビード座に押し上げられて，しっかりと固定されるようになっています．(b)の二つ割りタイプもフランジ形状やビード座のテーパは同じですが，深底部分がありません．チューブレスタイヤに使用する

場合は，合わせ面にゴムパッキンをはさんで空気が漏れないようにします．（c）はトラックタイヤ用ですから深底部分を利用せず楽に組みつけできるように，左側のフランジを取り外せるようにしてあります．欧米ではトラックタイヤでもチューブレスがかなり普及しており，日本でも普及が進んできました．チューブレス用は乗用車と同じように深底リムで，着脱を楽にするためビード座のテーパが15°になっています．

### リムのサイズ表示

ISO規格では従来と逆に「リム径の呼び」×「リムの輪郭」でリムのサイズを表示することになっていますが，タイヤサイズとリムサイズの対応表ではタイヤサイズでリム径の呼びがわかりますから，リムサイズのほうはリム径の呼びを省略し輪郭だけを書く習慣で，表3.2適用リムの欄に6JJなどとあるようにリム幅の呼びとフランジ形状の記号を記載することになっています．

### ホイールの素材

自転車も含めてほとんどのホイールはスチール製です．圧延や絞り加工が効き，強度が高く価格も安いためですが，前にいいましたように，外観上の格好の良さを求める人たちがアルミ鋳造のファッションホイールを装着している数も馬鹿にならないほど多いと聞いています．これとは別にレース用には，少しでも早く走るための努力の一つとして，アルミやさらに軽くできるマグネシウムホイールが使われることさえあります．軽金属は熱伝導が良いのでタイヤビードからの熱の放散が良くなるというメリットもあります．

## 3.4 タイヤのゴム材料

タイヤの主要材料は各種のゴム，コード材料として有機繊維とスチールコード，ビードワイヤ用の鋼線，さらにゴム中に混ぜて使用する加硫剤，加硫促進剤，老化防止剤等のゴム薬類，ゴム補強の主役であるカーボンブラック等があります．3.5 節から 3.7 節にカーボンブラックと繊維材料を主体に，その性質や特徴を説明します．本節（3.4 節）ではその中でも重要なゴム材料のおはなしをしますが，その詳細については省略しますので，おはなし科学・技術シリーズ『ゴムのおはなし』(日本規格協会発行) を併せて読まれることをおすすめします．

ゴムはなんといっても，まず他の物質では得られない弾性をもっていることによって，工業材料としての地位を獲得しました．次いで各種ポリマー（天然ゴム：NR, 合成ゴム：SBR, BR, IR 等）の種類と組合せを選び，それに硫黄，加硫促進剤，補強材としてカーボンブラック，その他各種薬品をうまく配合することで，幅広く物理・化学特性が変えられるようになり，応用範囲が広がりました．そこで，工業材料として使われる加硫ゴムの性質に簡単にふれた後，天然ゴムと汎用合成ゴムの代表 SBR について，特徴などをおはなしします．

## ゴム状弾性

　加硫ゴムの最も大きな特徴は数百パーセント変形させてももとに戻ることで，これが一般の固体と大きく異なるところです．まず図3.4で生ゴムと加硫ゴムとの違いを見ましょう．生ゴムは引っ張ると図の上段のように分子と分子の間にずれが起こりますので，放してももとに戻らず，塑性変形が残ります．加硫ゴムには図の中段に描かれているように，硫黄で分子と分子を結びつけた架橋点がありますから，引っ張っても分子間のずれが起こりませんので，放すと

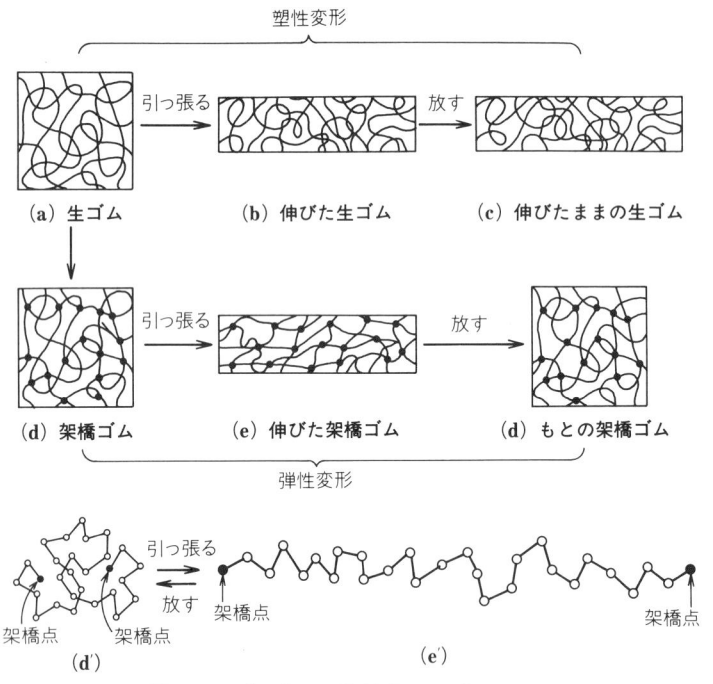

図3.4　ゴム分子の塑性変形と弾性変形[23]

もとの状態に戻ります．引っ張られていないとき，架橋点の間のゴム分子はまっすぐ張られているのではなく，図の下段でおわかりのようにトグロを巻いた状態になっていますので，架橋点の間を数百パーセントあるいはそれ以上引き伸ばすことができるのです．

そして1本1本の分子鎖では，結合の周りの分子の回転が活発にしかも無秩序に起こっています．これはミクロブラウン運動といわれる熱運動です．分子鎖を引っ張ると個々の原子の熱運動は制約を受けてミクロブラウン運動が減少します．個々の原子が勝手気ままに動き回れる，エントロピーの大きな状態のほうが安定であることは熱力学の教えるところです．したがって力を放せば左側のもとの状態に戻るわけです．このように力を解放すると，熱力学的に最も安定した状態をとることによって発現する弾性を"エントロピー弾性"と呼んでいます．なお，熱運動は温度が下がると不活発となりゴムの種類によって差がありますが，ある温度すなわちガラス転移点 $T_g$ 以下では凍結状態になり，弾性を示さなくなります．

### 粘弾性

粘性と弾性の特性を兼ね備える性質を"粘弾性"と呼んでいます．弾性はフックの法則で記述されるとおり"加えられた力に比例したひずみが生じ，力を取り去ればもとに戻る"という性質で，ばね秤のばねを考えていただければよいと思います．断面積 $a$ mm$^2$ の鋼線を，$F$ N の力で引っ張ったときの伸びた量を $\Delta L$，もとの長さを $L$ として式に書いてみると，

$$\frac{F}{a} = E\frac{\Delta L}{L}$$

となり，比例定数 $E$ Pa が，"弾性率 (modulus of elasticity)"または"ヤング率 (Young's Modulus)"と呼ばれるもので，普通のスチー

ルの場合は210 MPaくらいです．ゴムの弾性率はずっと小さくて数千kPa台で，フックの法則に従う比例部分も狭い範囲に限定されます．粘性はニュートンの粘性流体の法則で記述される性質で，力と変形速度が比例しその比例定数を"粘度"と呼びます．加硫ゴムはこの両方の性質を有しています．粘性が存在すると変位に対して力は時間的に遅れて観測されます．これは不規則に絡み合っているゴム分子鎖が，力の方向に引き伸ばされるときに分子鎖同志が摩擦しあって，それに要するエネルギーと時間が消費されるためです．このときに消費されるエネルギーが"内部摩擦"あるいは"履歴損失（ヒステリシスロス：hysteresis loss)"と呼ばれるもので，結果的に熱エネルギーに変換されます．

　ここにもゴムの大きな特徴があります．すなわち，力学エネルギーを熱エネルギーに変換することにより，音や振動の伝達をやわらげる作用をします．また多かれ少なかれ凹凸のある路面をよくとらえるために，軟らかい，すなわち弾性率が小さくてヒステリシスロスの大きいゴムを選ぶことによって摩擦係数を高くすることもできるのです．自動車のサスペンションのばねとショックアブソーバーを併せもっているようなものです．

**天然ゴム（NR）**
　天然ゴムは南米原産のヘベアブラジリエンスというゴム樹から得られる樹液を乾燥させたもので農産物です．したがって木の種類，生産地，気候，収穫の方法等により品質にばらつきが生じます．工業用材料として使用するにはこのばらつきを制御することが必要になり，生ゴムの段階で格づけ等級で区分したり，ブレンドしたり，加工段階で機械的化学的にばらつきを制御しています．

　タイヤに使用したときの特徴は耐摩耗性，耐カット性，耐疲労性，

## 3.4 タイヤのゴム材料

耐発熱性,加工の容易さなど全体的にバランスの良いゴムで,タイヤの部材としてはカーカスにもトレッドにも使われます.トラック・バス用,建設車両用,航空機用タイヤのような大型で肉厚のあるシビリティーの高いタイヤほど,発熱が小さくて強度や引き裂き抗力が大きく,耐疲労性にも優れている天然ゴムが主に使われています.さらに,

① 大きな変形が加わったときの耐久性が優れている.

② 未加硫ゴムの状態で他のゴムに比べて弾性率,強度が高い.

という特徴があります.この二つの特徴がスチールラジアルタイヤにとって大変ありがたいことなのです.①はスチールコード近傍のゴムに天然ゴムが適しているということで,有機繊維よりもはるかに弾性率が高いスチールコードと組み合わせると,スチールコードのすぐ近くのゴムには局部的に非常に大きなひずみが発生します.このような状態で天然ゴムが優れた耐久力を発揮します.大きなひずみが加わったときに分子が引きそろえ(結晶化といいます)られやすく,大きな強度を発揮するためといわれています.②は生タイヤ製造上のことで,未加硫ゴムの状態で強度が低いゴムですと,プライコードを膨らませるときにコードの間が一様に広がらず,ちょっとしたきっかけである箇所だけが集中的に伸びて,そこで裂けてしまう現象も起こります.天然ゴムにはこの現象が起こりにくいのです.以上の2点で天然ゴムがスチールラジアルの時代に大変大きな役割を果たしています.

図3.5はタイヤ産業に使用された各種ゴムの量の変遷です.いったん合成ゴムに主役を奪われたかに見えた天然ゴムが,スチールラジアルの普及とともに復権した状況がわかっていただけると思います.

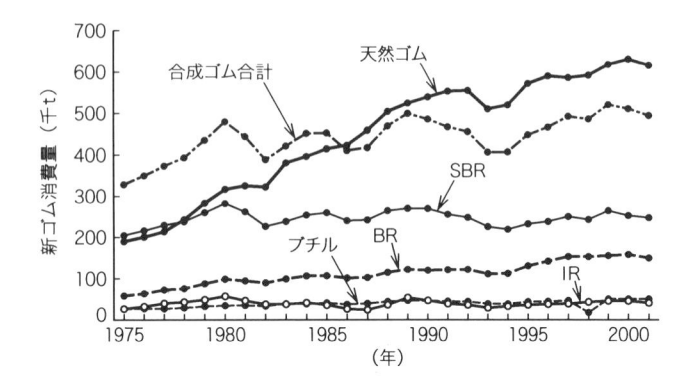

**図 3.5 自動車タイヤ用原料ゴム消費動向**
(ラテックス・再生ゴムを除く)[15]

## スチレンブタジエンゴム (SBR)

　工業製品であるため，天然ゴムに比較して品質のばらつきが少なく価格が安定していますし，製造過程でオイルを混入し，いわゆる油展ゴムにすることができるので，製造工程での加工も比較的容易です．ゴムとしては天然ゴムに比較して熱の発生が大きいこと，各種破壊強度が劣るという欠点もありますが，耐摩耗性も比較的優れており，特に気温の高い夏に天然ゴムほど耐摩耗性が低下しないという長所があります．また熱の発生が大きいことは逆に，摩擦係数を大きくできる長所ともなります．タイヤの部材としては乗用車用タイヤのトレッドゴムに広く使われています．ただし，発熱が大きく超大型，肉厚のタイヤには向きません．また，建設車両用タイヤのように不整地を走行するタイヤでは，岩石などの突起により"チッピング"と呼ばれるゴム欠けの問題もあります．

　なお，この10年あまり前からミクロな分子構造を重合段階でコントロールし，例えば摩擦係数が高くてしかも転がり抵抗が低い

## 3.4 タイヤのゴム材料

SBRが開発されるなどの成果があり，特に乗用車タイヤ用としてますます重要視されるのではないでしょうか．

最近では更に転がり抵抗を低減するため，トレッド部にシリカを配合したタイヤが増えています．そのため，シリカと結合できる反応基を末端に持った溶液重合SBRの研究が行われています．

### その他の合成ゴム

その他の合成ゴムの中で，3種について以下のとおり一言ずつつけ加えておきます．

**ポリブタジエンゴム**（BR）：発熱が小さく，耐摩耗性・耐寒性が良いので，加工しにくいという欠点はありますが，低燃費化やスタッドレスタイヤのトレッドあるいはベースゴムにブレンドして活用されています．トレッドに使用すると欠けやすいので配合面の考慮が必要です．

最近の開発では，BRの特徴である耐摩耗性と低発熱性を一層改善することが期待できるネオジューム触媒によるBRに重点が置かれています．図3.5原料ゴム消費動向でもBRは漸増傾向にありますが，低燃費化の要求に応えるため今後もBRの消費は増えていくと思われます．

**イソプレンゴム**（IR）：化学構造上はほとんど天然ゴムと同一で，不純物が少ないので品質が均一です．流動性が高いので，加工性を重視する場合に少量ブレンドして使用します．価格が高いのが難点です．

**ブチルゴム**（IIR）：空気を天然ゴムの1/7から1/8しか通しません．したがって，チューブやチューブレスタイヤのインナーライナは全部ブチルゴムです．インナーライナに使う場合，ブチルゴムはそのままでは接着できないので，クロロブチルやブロモブチルな

どハロゲン化したブチルゴムを使わねばなりません．

## 3.5　カーボンブラック

　カーボンブラックは石油や天然ガス等を不完全燃焼させたり熱分解させて製造します．ゴムだけを硫黄で加硫したのでは硬さ，強さ，耐摩耗性等々の点で使用に耐える工業製品は得られません．カーボンブラックで補強して初めて，現在のような経済性のある製品に仕上げることができます．

　カーボンブラックの補強効果を左右するものとして重要なのは，粒子径，粒子のつながり方及びゴムとの化学反応性を左右する粒子表面の化学的性質です．図3.6はゴム中のカーボンブラックの状態を3万倍で示したものです．カーボンブラックの固まりがゴム中に適度に分散されていることがわかります．図は電子顕微鏡によって観察したもので，光学顕微鏡で見ることのできる領域は通常1/1 000 mm程度ですから，この領域での観測は多少無理になります．カーボンブラックの粒子は一粒ずつ単独で存在するのではなく1 000～2 000個が鎖状の塊になっています．これを"ストラクチャー"と呼び，その形状や長さによってもゴムの耐摩擦耗性，引張り

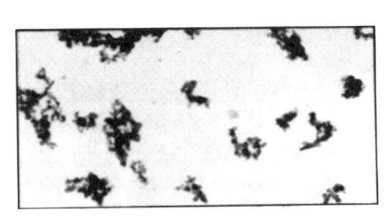

図3.6　ゴム中のカーボンブラックの
　　　　電子顕微鏡写真　(3万倍)

## 3.5 カーボンブラック

強さ,硬さ等が変わります.最近の開発は,ストラクチャーを更に発達させて,補強性を上げる方向に重点が置かれているようです.

カーボンブラックの粒子形状は球形で,粒子径は大体 $1\sim20\times10^{-8}$ m ($1/100\,000\sim1/5\,000$ mm) の範囲ですが,種類によってはもっと大きい粒子径のカーボンブラックもあります.このように大変小さいので10万倍くらいに拡大しないとよくわかりません.粒子径が小さいほどゴムに対する補強効果は大きいのですが,ゴム中に均一に分散させることが困難になってきますし,配合ゴムの発熱も大きくなりますので,得失をよく考えた上で採否を決めなければなりません.タイヤのどの部材に使用するかによって,そのゴムに対する要求性能が違いますから,カーボンブラックにも粒子径やストラクチャーの異なるたくさんのグレードが生産販売されており,それぞれのゴム部材に応じて使い分けられています.

粒子径が小さくなると単位重量あたりの表面積が大きくなり,それだけゴム分子との結合する面積が増えて補強性が向上するわけです.現在,最も粒子径の小さいカーボンブラックは $1\sim2\times10^{-8}$ m で1gあたり $100\sim200$ m² (昔風にいえば $30\sim60$ 坪) の表面積になり,都市では1軒分の宅地面積に相当するでしょう.

カーボンブラックでゴムが補強された状態は図3.7で説明されています.A相はゴムの分子がミクロブラウン運動を活発に行っている部分です.B相は硫黄で架橋され,ゴム分子が結合されている部分を指しています.そしてC相ではカーボンブラックの粒子の周りにゴム分子が吸着され,互いに強く結びついて硬くなっている相を表しています.カーボンブラック補強効果の主役であるC相の質と量が補強効果を左右するわけで,カーボン粒子の大きさ,表面積,表面の状態などがこれにかかわるのもうなずけるところです.

74　　　　　　　　　　　　　　　　3. タイヤの基礎知識

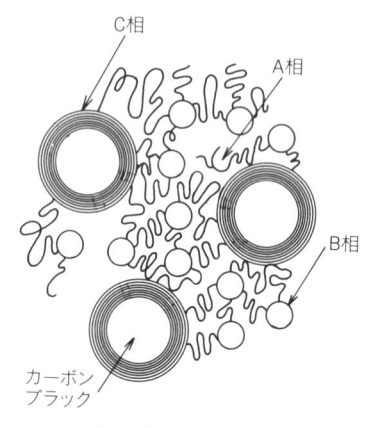

図3.7　カーボンブラックによるゴムの補強[24]

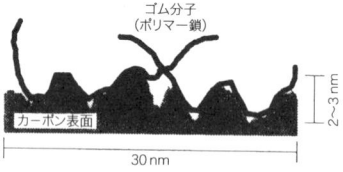

図3.8　カーボン表面の顕微鏡写真とゴム分子の吸着モデル[25]

図3.8の上は走査トンネル顕微鏡でゴムの分子がカーボン表面に吸着されている状況を撮影した写真，下はゴム分子鎖の吸着モデルで図3.7のC相に相当する部分を示しており，上述のカーボンによる補強のメカニズムが視覚的に理解できると思います．

## 3.6　繊 維 材 料

タイヤ用繊維材料としては既に1章でおはなししたようにレーヨン，ナイロン（"ナイロン"は慣用名であり，一般にはアラミド結合をもった合成高分子繊維），ポリエステル（商標名は"テトロン"），その後開発されたアラミド（"ケブラー"は商標名でアラミドとは芳香族ポリアミド繊維のこと）タイヤコード等の有機繊維材料とスチールコードが使われており，最近ではPEN（ポリエチレン・ナフタレート）繊維も騒音低減の目的に使われ始めています．これについては5.3ロードノイズの項で説明します．

**タイヤコードに必要な性質は？**

タイヤが圧力容器として空気圧を保持するための張力は，ごく一部をゴムが分担するほかは，タイヤコードが負担します．タイヤに荷重がかかり，あるいは制動・駆動やコーナリングで前後方向や横方向の力が加わると，タイヤが変形したりよじれて，コードが負担する張力が，ある部分では増加し，ほかの部分では減少します．また路面の凹凸や石などに乗り上げたりすれば，局部的に大きな張力が衝撃的にかかることもあります．

① タイヤコードはまず強度の高いものでなくてはなりません．
強度が高いコードを使えば，コード本数やプライ数を抑えて軽くて薄いタイヤにし，発熱を少なくして温度を低くすることも

できます．

② 次いで走行中の繰り返し変形や温度上昇，さらに水分の影響が加わっても劣化しにくく，耐疲労性が良くてできるだけ初期の強度を保ち続けることが必要です．

③ 荷重や制動・駆動力あるいはコーナリングフォース等でタイヤが変形すると部分的にコードの張力が変化し，コードとゴムの接着面に働くせん断力によって力が伝達され，ゴムの分担が増える部分と減少する部分がでてきます．このような力のやり取りが行われるからこそ複合材の意味があるのですから，コードとゴムがしっかりと接着しており，接着の耐疲労性も良いことが必要です．

④ コードの弾性率の高いことが操縦安定性等のタイヤ性能に関して大変重要です．弾性率が高く引っ張っても伸びにくいコードほど，わずかな変形で大きな力を発生して車に伝え，効きが良い感じを提供できます．制動・駆動時でも同様なことがいえます．

⑤ タイヤ周上の寸法や剛性が均一なユニフォーミティの良いタイヤを製造するためには，温度や水分が変動しても伸び縮みの少ない寸法安定性の良いことが必要です．また当然のことですが，価格が安く経済的に成立することがぜひ必要です．

最近タイヤコードとしてスチールコードが多く使われていますが，その理由はスチールが上記の用件をすべて満たしており，製造工程で扱いにくい，リサイクルしづらいなどの欠点を上回っているからです．

## コードの構造

### (1) 有機繊維コードの構造

タイヤコードは衣料用の紡績糸と違ってフィラメント(長繊維)からできており,フィラメント百から数百本が束になった原糸に撚りをかけ,さらにその束2,3本を逆向きに撚り合わせてタイヤコードとします.この撚り数が多いほどスプリングと同じように弾性率は小さく,伸びやすく,すなわちモジュラスが下がります.一方,撚り数の多い方が繰り返し屈曲させたときの耐疲労性が良くなります.したがって用途に応じて撚り数を選択します.

有機繊維の太さは,以前はデニール(D)9 000 m当たりの重さを単位として表していましたが,現在はテックス(Tex)という単位で表します.また,1/10を意味するd(デシ)を用いてdtex(デシテックス)単位も用います.1 000 mで1 gf(=0.009 8 N)のものが"1 Tex(=10 dtex)"です.

例えば,1 100 Tex(11 000 dtex)のタイヤコード繊維は,1 000 mの重量が1 100 gf(=10.78 N)で仮にこれが比重1,円形断面とするとその直径は約0.12 mmです.タイヤコードの場合,束の太さと束の数から1 400 dtex/2とか1 670 dtex/2のように表します.表3.3に一つの束の性質を比較してあります.束を構成するフィラメント1本の直径は,ナイロンで約27 μm,ポリエステルは約25 μm,アラミドに至っては約11 μmという細さです.スチールの素線は1本だけで直径は乗用車タイヤの場合ですと0.2〜0.4 mm程度です.また,表3.4はよく使われている太さの各種コードについて性質を示したものです.

### (2) スチールコードの構造

スチールコードの材料はカーボン量が0.7%前後の高炭素鋼であり,普通5.5 mm径の線材から何段ものダイスを通して細い素線

表 3.3 単糸の

| 特 性 \ 素材の種類 | スチール | アラミド |
|---|---|---|
| 太さ(dtex) | 3 290 | 1 670 |
| デニール(D) | 2 928 | 1 500 |
| フィラメント数 | 1 | 1 000 |
| フィラメントの太さ(D) | 2 928 | 1.5 |
| 引張強さ (N) | 133.3 | 322.4 |
| 強  度(cN/dtex) | 4.1 | 19.4 |
| 切断伸び(%) | 1.8 | 4.0 |
| 密  度(cN/m$l$) | 7.67 | 1.41 |
| 溶融点(°C) | 1 450 | >500 |
| 重合方法 | — | 溶液 |
| 紡糸方法 | — | エアギャップ湿式 |
| ポリマーのタイプ | — | 芳香族ポリアミド |

表 3.4 ディップ処理済みコードの性質

| 特性 \ 用途 コードの種類 | ベルト | | プライ | |
|---|---|---|---|---|
| | スチール | アラミド | ポリエステル | ナイロン66 |
| コード構造 | 1×5×0.23 | 1 670/2 | 1 670/2 | 1 400/2 |
| よ  り (回/10 cm) | 10.5 | 33×33 | 36×36 | 39×39 |
| 強  力 (N) | 637 | 542 | 225 | 211 |
| 強  度 (cN/dtex) | 3.2 | 15.3 | 6.2 | 6.6 |
| モジュラス (cN/tex) | 207 | 327 | 44 | 31 |
| 伸  び (%) | 2.0 | 5.3 | 21.1 | 22.6 |
| 熱収縮 (%) | 0 | 0.2 | 4.0 | 7.4 |
| 静的クリープ(%) | 0.1 | 0.8 | 3.5 | 5.8 |
| 耐疲労性 | — | 70 | 80 | 100 |
| 接  着 | 100 | 90 | 100 | 100 |

にします．この間の加工硬化により最後まで一気に延伸することはむずかしいので，途中で一度熱処理をして調質してから，伸線しやすくかつゴムと接着しやすくするため表面に真鍮(しんちゅう)めっきを施し，それから最終段階の線引きをして素線を仕上げます．同じ強度のス

## 性質

| ポリエステル | ナイロン 66 | レーヨン |
|---|---|---|
| 1 670 | 1 400 | 1 840 |
| 1 500 | 1 260 | 1 650 |
| 250 | 210 | 1 100 |
| 6.0 | 6.0 | 1.5 |
| 136.2 | 112.7 | 72.52 |
| 8.0 | 8.0 | 4.0 |
| 11.9 | 21.0 | 7.0 |
| 1.35 | 1.12 | 1.49 |
| 260 | 260 | 240 で分解 |
| 溶 融 | 溶 融 | — |
| 溶 融 | 溶 融 | 湿 式 |
| ポリエステル | ポリアミド | セルローズ |

チールコードなら，細い素線をたくさんより合わせたほうがしなやかで扱いやすく，タイヤ生産工程が楽になりますが，スチールコードのコストが相当高くなり引き合わない計算になります．

スチールタイヤ量産開始のころは，タイヤの生産にも不慣れでしたから，径が 0.15 mm 程度の割に細い素線のスチールコードが使

(a) 乗用車タイヤベルト
1×5[本]×0.23[mm]

(b) トラックタイヤベルト
3[本]×0.20[mm]＋6[本]×0.36[mm]

(c) トラックタイヤプライ
(3＋9)[本]×0.23[mm]＋1[本]×0.15[mm]

図 3.9 主要スチールコードの構造

われていましたが，現在では0.2～0.4 mmくらいの素線が主流です．そしてコードの構造もだんだん簡単なものに置き換えられて，図3.9に示した構造がそれぞれ(a)乗用車ラジアルのベルト，(b)トラックラジアルのベルト及び(c)プライに使われる代表的な構造になっています．

### コードの素材とその特徴

図3.10にほぼ同じくらいの太さのタイヤコードの引張力―伸び特性を比較しました．コードの弾性率(モジュラス)はカーブの傾斜ですから，図を一見しただけでスチールとケブラーの弾性率と破壊強度が際立って高いことがわかります．コードの特性として重要な性質はほかにもありますが，なんといってもこの二つが基本ですから，この図と表3.3，表3.4を見ながら以下の各種コードの特徴を読んで下さい．

**レーヨン**：長所は，(1)弾性率が高い，(2)走行によるタイヤ寸法の成長が少ない，(3)熱が加わっても安定である，(4)ゴムとの接着が容易で，高温下まで高い接着を維持するなどがあげられます．

欠点は，(1)水分があると強度が低下する，(2)重さ当たりの強度が低いことがあげられます．

レーヨンは，弾性率が高いので操縦安定性の良いタイヤ，熱に対し安定なので周上均一なタイヤを作りやすいのですが，生産量が減り高価になったので今ではごく一部のタイヤにしか使われていません．

**ナイロン**：長所は，(1)重さ当たりの強度がレーヨンの2倍近くあり，そのためタイヤのプライ数を減らすことができる，(2)レーヨン以上に繰り返しひずみによる劣化が少ない，(3)レーヨンほど水分

3.6 繊維材料

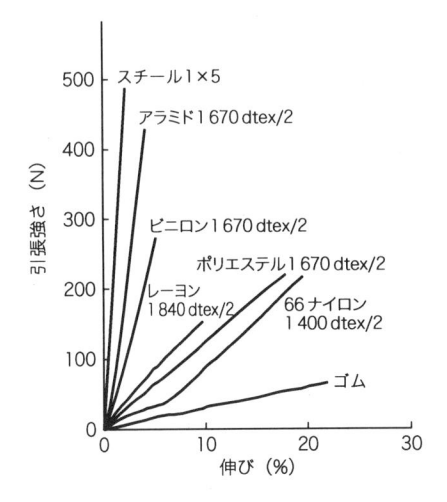

**図3.10 各種コードの引張特性**

による強度の低下が生じないことがあげられます．

　欠点は，(1)熱を加えると収縮を起こす，そのために加硫後まだ冷えないうちに空気圧を張ってから冷やす工程が必要となる，(2)弾性率が低いことがあげられます．

　しかし，欠点とされていた熱による収縮が逆に役立っている用途があります．ラジアルタイヤのベルト構造に関連して触れましたが，2枚のスチールベルトの上に周方向に巻きつけたナイロンキャップがそれです．走行により温度が上がった状態で，熱収縮力によりスチールベルトにもう一つたがをはめたようになり，スタンディングウェーブを防止して高速耐久性を改善します（図1.15(b)参照）．

　**ポリエステル**：レーヨンとナイロンの長所を合わせもっていますが，高ひずみを繰り返して受けると，この素材自体の発熱が大きい

ため温度が上昇しゴム部材の熱劣化を促進するだけでなく，ポリエステル自体のエステル結合が加水分解して強度の低下を生じます。そのため大きな変形を受け，しかも厚肉で温度の上がりやすい大型タイヤには使われていません。温度があまり上がらない乗用車用タイヤには適しており，一時は新車向け乗用車用バイアスタイヤに大量に使われましたが，現在ではラジアル化の進展に伴いラジアルタイヤのプライコードとして広く使われています。

**アラミド**（ケブラー）：重量あたりの強度がナイロンの2倍程度，同じく弾性率が8倍程度，熱収縮もほとんどなく，タイヤのコードとしては非常に優れていますが，繰り返し圧縮ひずみに弱いことと，価格が非常に高いことが最大の欠点です。現在は超高性能タイヤや二輪車用タイヤのベルト材の一部として使われています。価格が低下すればその使用量は増えるものと思われます。

**スチールコード**：最大の特徴は重量あたりの弾性率が大きいことと価格あたりの強度が大きいことになるでしょう。もちろん熱収縮もありません。また，ベルト材として使用したときのパンクに対する性能も非常にすばらしいものがあります。一方欠点としては重いこと，水分が入るとさびるためにゴムとの接着が低下したり，強度が低下することがあげられます。また製造面からいえば，未加硫ゴムに比べて剛性が高すぎて扱いにくく，切断が大変で，水分にも注意を要するなどやはり有機繊維に比べると格段に扱いにくいコードです。

## 各種コード使用量の変遷

コードの項の締めくくりとして，図3.11に日本のタイヤ産業の各種コード使用実績を掲げました。最近のスチールコードの増加が目につきます。しかし，この図は使用量が重量ですから，スチール

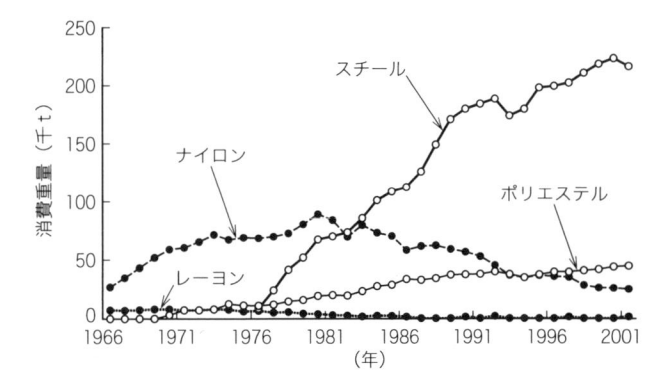

**図 3.11 タイヤコード種類別消費量**[15]

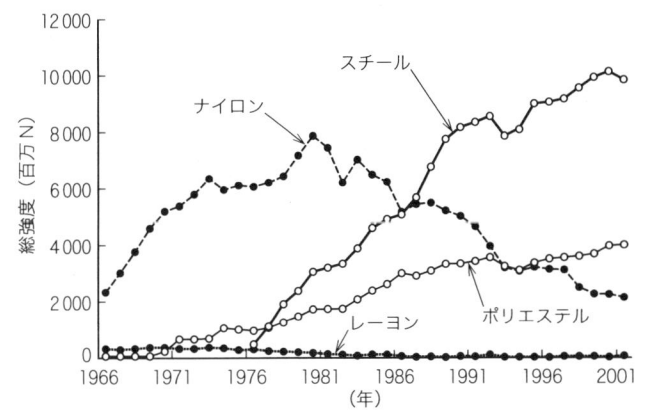

**図 3.12 タイヤコード種類別消費総強度**
［消費重量×強度 N/D］

が過大評価されています．そこで図3.12には縦軸に総強度をとってみました．総強度は表3.3の値を使い「消費重量×強度（N/D）」で計算しました．総強度の意味は"その種類の繊維全使用量を一まとめに9000mの長さのコード（実際はものすごく太い棒）

にしたときの，その棒の引張強度"になります．2001年のスチールコード消費量は216 424 tですから，長さ9 000 mの丸棒にしますと断面積は3.06 m²，直径は1.97 mくらいになります．図3.12は図3.11よりはやや公平な繊維の消費量を表していると思います．

いずれにせよナイロンの一部とレーヨンがポリエステルに移行し，ナイロンのかなりの部分がスチールに置き換わっていることが読み取れます．まだしばらくはこの傾向が続くのではないでしょうか．

## 3.7 ゴムとコードの複合化

いうまでもなくタイヤはFRR (Fiber Reinforced Rubber)，すなわち繊維で補強されたゴムでつくられているのですが，ゴムと繊維が強固に結合されていてこそ複合体といえるわけで，そのためにはゴムと繊維の接着の良いことが条件になります．接着力が不十分で，使用中にその一部がはく離すると，そこに応力が集中して急速にはく離が広がり，故障で寿命を終えるということになります．したがって繊維とゴムの接着に関しては過去から多くの研究が行われ，改善努力が積み重ねられてきました．ここでは有機繊維とスチールに分けて簡単に接着の方法等をおはなしします．

### 有機繊維系タイヤコードの接着

タイヤの初期に使われた紡績木綿糸は，フィラメントが化学繊維のような1本につながった長繊維ではなく，短いフィラメントを紡いだ糸ですから，拡大して観察するとフィラメントの端が毛羽立っているのがわかります．毛羽だったフィラメントの端が，あたかもゴムの中に錨を降ろしたようになって，いわゆる投錨効果を現し，特別に接着処理をしなくても実用上問題がありませんでした．とこ

ろがレーヨンになると長繊維ですから投錨効果がなく，表面が平滑ですからそのままでは接着力が不足し，表面に接着剤処理をすることが必要になりました．

**(1) RFL接着剤**

そこでレーヨンの初期にはゴムラテックスにカゼインを加えたものが接着剤として用いられましたが，十分ではなかったので間もなくRFL接着剤に切り換えられました．RFLとは1940年代にチャーチとマニーらが，ゴムラテックス水溶液にレゾルシン・フォルムアルデヒド樹脂を加えた液状接着剤で，優れた接着力が得られることを見いだしたことから始まっています．以来約半世紀にわたってRFL（R：レゾルシン，F：フォルムアルデヒド，L：ラテックス）がレーヨン，ナイロン，ポリエステル，アラミド，さらにはガラス繊維などの主な接着剤として使われてきました．

まずコードをRFL水溶液中に浸漬（ディップ）し，RFLをコード表面に最適量付着させた後，乾燥，加熱してRFLの反応を完了させます．このときにナイロン等伸びやすくてタイヤ性能上好ましくない繊維では，かなり大きな張力で引っ張りながら加熱し，コード特性の改質も同時に行われます．そしてタイヤの最終工程である加硫工程で加熱加圧されると，RFL中のゴムラテックスと周辺のゴムが拡散及び共架橋反応を起こして結合し，繊維とゴムの接着が達成されます．図3.13はRFL処理をしてゴムに埋め込まれたコードの接着状態を示す模式概念図です．接着に関係が深いのはコードの表面にあるRFLの層で，付着量と接着力は密接な関係にあります．

図3.14はRFLによるナイロンとゴムの接着機構を簡単に図示したもので，

① ナイロン分子中のアミド結合がRFと水素結合する．

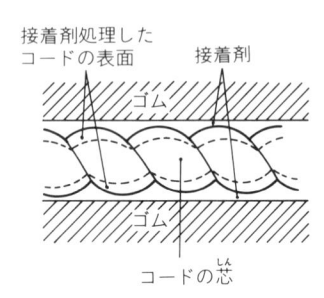

**図 3.13 ゴムに埋め込まれたコードの概念図**[26]

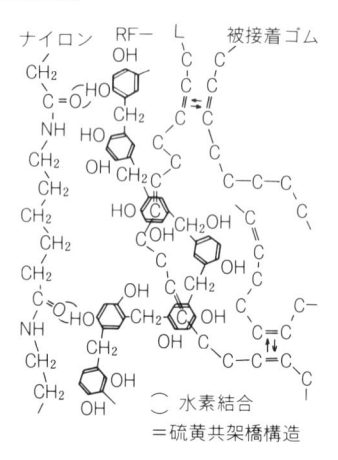

**図 3.14 RFL によるナイロンとゴムの接着機構**[27]

② RF は L すなわち RFL 水溶液中のゴム分子と絡み合って一体化する．

③ RF と絡み合った L 中のゴム分子は，周辺のゴムと相溶，拡散及び双方のゴム分子にある炭素の二重結合間の硫黄共架橋構造で結合する．

という三つの結合を通じてコードとゴムが接着しています．

### （2） 繊維種ごとの事情

レーヨンタイヤでは耐えきれなくなった過酷な使い方をされるトラックやダンプ用に，ナイロンタイヤが使われて大変威力を発揮したことは前にもふれましたが，実は初期に接着力不足の問題があり，RFL だけでは不十分ということがわかって VPL（ビニールピリジンラテックス）を添加することにより，この問題が解決されたいきさつがありました．

ポリエステルはもともとナイロンよりゴムと接着しにくいため，あらかじめ前処理でポリエステルの表面にエポキシあるいはイソシアネートを付着させ，本処理で通常の RFL 処理を施す方法が考案され，十分な接着が得られるようになりました．しかし，これではタイヤ会社で二度手間がかかり，ある場合には高価な接着処理設備の増設が必要になることもありましたので，二つの方法が考案されそれぞれ今日でも使用されています．一つは繊維会社の原糸製造工程中に前処理を組み入れ，タイヤ会社では通常の RFL 処理だけを行う方法です．もう一つは1度の処理ですむ接着剤を開発することで，RFL 液の中にポリエステル表面層に溶け込むことのできる特殊な接着剤，例えばトリアリルシアヌレートと RF の反応物を添加することで接着力を確保することができました．この方法はコスト的に有利で，接着も良好といわれています．

アラミド（ケブラー）の表面層は化学的に極めて不活性で表面も平滑なので，あらかじめエポキシ処理した後，RFL 処理をする2回処理タイプでないと十分な接着力が確保できません．

### スチールコードの接着

スチール自体とゴムとは接着しにくいので，フィラメントの表面には伸線の際の潤滑作用もかねて，真鍮（銅 Cu と亜鉛 Zn の合金）めっきを施します．タイヤ加硫の間にめっき中の Cu 及び Zn とゴム中に配合されている硫黄 S(硫黄を含んだ中間生成物も併せて)，酸素 O とが化学反応し，硫化銅 $Cu_xS$，硫化亜鉛 ZnS，酸化亜鉛 ZnO などを生成しながらその S がゴム分子とも結合し，スチールとゴムの接着が形成されています．

図 3.15 は 10 年ほど前の報告に示されたもので，スチールコードとゴムの接着境界面近傍に生じた Cu と Zn の反応生成物の状態を

模式的に示してあります.そして図 3.16 はモデル実験によって得られた真鍮側の反応生成物分布を示しています.横軸を時間で示してありますが,約 40 分で $15 \times 10^{-8}$ m の深さに相当します.この図から接着境界面における Cu と Zn の硫化物,酸化物の生成状態が

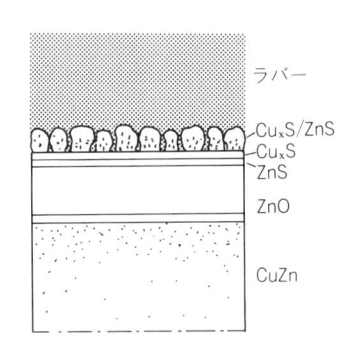

図 3.15 スチールコードとゴムの接着界面での反応生成物の状態模式図[28]

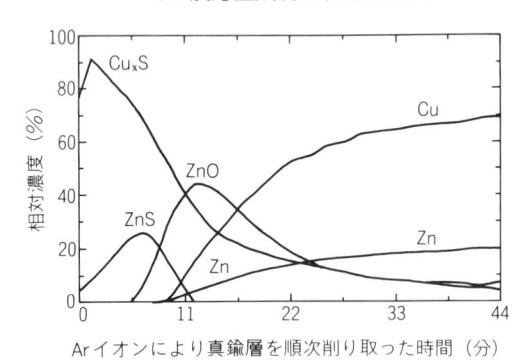

図 3.16 モデル実験によるスチームコードとゴムの接着境界面真鍮側の反応生成物分布 (Auger 分析)[29]

## 3.7 ゴムとコードの複合化

よくわかります．

一方スチールタイヤ，スチールコードの開発，改良及び生産という実用面から，1960年代より接着に影響を与える諸要因について広範囲な研究が行われました．真鍮中のCuとZnの比率，めっきの厚み，ゴムに配合する硫黄量，加硫促進剤の種類と量，コバルト塩等の接着助剤の種類と量等が取り上げられました．

接着に特に大きな影響を及ぼす要因は，生産工程中及び使用時の水分で，それぞれ次のような影響を及ぼします．

① 製造直後の接着不良：製造工程で空気中の水分（相対湿度が効きます）が未加硫ゴムに浸透して接着を阻害します．
② 接着力の経時劣化：タイヤの内外から浸透拡散する水分，ゴムの亀裂や外傷から進入する水分が接着を劣化させます．

未加硫ゴムを20°C相対湿度85%で3週間放置の前後にスチールコードと加硫，接着させて得られた接着力を測定し，真鍮中の銅分を60%程度に下げ，めっき厚を薄くすれば水分の影響を小さくできると結論されたデータもあります．Cuの比率が高いものやめっきが厚いものでは，水分が存在すると$Cu_xS$，$ZnS$，$ZnO$の生成が促進されて，もろい反応生成物の層が厚くなるために接着が阻害される結果と理解されます．またゴム配合によって影響の受け方にかなりの差がありますので，配合の選択も大切なことがわかります．

本格的に乗用車のスチールラジアルタイヤが普及し始めたのは，フランスを除くと1970年代に入ってからでした．それから間もない1973年から1976年ころにわたって，世界中でたくさんのタイヤ会社が乗用車スチールラジアルの接着不良に起因するベルトセパレーション（ベルト部分のはく離）問題に直面しました．当時関係者が接着不良の主犯ではないかと考えたのは，ゴムに配合する接着助剤でした．

接着助剤としては前にふれましたコバルトCoの脂肪酸塩系とRHS系（R：レゾルシン，H：ヘキサメチレンテトラミン，場合によってS：シリカも配合）の2系統が用いられていましたが，後者のほうがやや腐食性が強く，また実際に問題を起こした銘柄にはこの系統のほうが断然多かったためにそう考えられたのです．しかしその後のデータを勘案して，めっきの反応性が高すぎたことが主犯であり，RHSのような接着助剤は高々従犯というところではなかったかという見方もあります．現在ではほう素を添加して水分安定性を改善したコバルトの脂肪酸塩が主に使われていますが，RHS系とコバルト塩の併用も行われています．

このほかにも実用上の多くの経験から反応性を抑制するため，銅分比率60〜65％の低Cu真鍮の薄めっきを採用し，また使用中にタイヤとチューブの間に残っていた水分がタイヤ内部に浸透するのを防ぐため，インナーライナゴムにはブチル系のゴム配合を用いるなど，有効な対応策がとられ，現在のタイヤでは接着の問題を起こす心配はなくなっています．

# 4. 荷重を支えて走る

この章ではタイヤが荷重を支えるメカニズム，荷重によってタイヤ各部に発生する変形やトレッドの動き，走行することによってその変形が繰り返され，そのために起こる摩耗や故障などについておはなしします．

## 4.1 圧力容器の力学

### 風船の力学

この節ではタイヤがどのようにして荷重を負担しているのか，その仕組みを考えてみます．タイヤの場合は"空気が荷重を負担している"とよくいわれるのですが，それを説明するのによくゴム風船が引き合いに出されます．風船のゴムの膜はごく薄いので，それ自体の曲げ剛性を無視することができます．またこの風船は上下対象ですから上半分について考えればよいですし，さらに簡略化するために，円筒形で十分に長い風船を考えますと，長手方向はずっと同じ状態が続いていますから，紙面に直角方向の長さは考えなくてよいことになります．図4.1に(a)空気圧 $p_0$ を充塡した状態，(b)それに重量 $W$ の平らな荷重を上にのせたときの様子，(c)張力のつり合いを示してあります．簡単な計算式ならばよいという方は図に書き込んである計算を追ってみて下さい．そうでない方は以下の説明を読んでいただくだけで結構です．

荷重をのせて風船がたわむと，

92    4. 荷重を支えて走る

**(a) 無負荷状態**

空気圧 $p_0$ の上向き成分合計
$$P_0 = 2r_0 p_0$$
下向きの張力合計
$$T_0 = 2t_0$$
$P_0$ と $T_0$ がつり合っているので
$$P_0 = T_0$$
$$\therefore \ t_0 = r_0 p_0 \quad (1)$$
また、(1), (2), (4)式より
$$t_0 > t \quad (5)$$

**(b) 荷重 $W$ をのせた状態**

空気圧 $p$ の上向き成分合計
$$P = 2(r + a)p$$
下向きの張力合計
$$T = 2t$$
荷重 $W$ とのつり合いは
$$W = P - T$$
これと(2)式から
$$W = 2ap \quad (4.1)式$$
なお、膜が伸びないという条件をつければ
$$2a = \pi b \quad (3)$$

O点の周りに回転しないため
$$t = t_1$$
空気圧の左向き成分合計
$$P_1 = pr$$
左右方向の力のつり合いは
$$P_1 = t_1 = pr$$
したがって、
$$t = t_1 = pr = p(r_0 - b) \quad (2)$$
なお、$p_0 V_0 = pV$ から、(3)式も利用して
$$p = p_0 \frac{V_0}{V} = p_0 \frac{\pi r_0^2}{\pi r^2 + 4ar} = p_0 \frac{r_0^2}{r_0^2 - b^2}$$
$$= p_0 \frac{1}{1 - (b/r_0)^2} \fallingdotseq p_0 \quad (4)$$

**(c) 張力のつり合いと空気圧変化の計算**

**図 4.1 荷重を支える空気圧を張った風船**

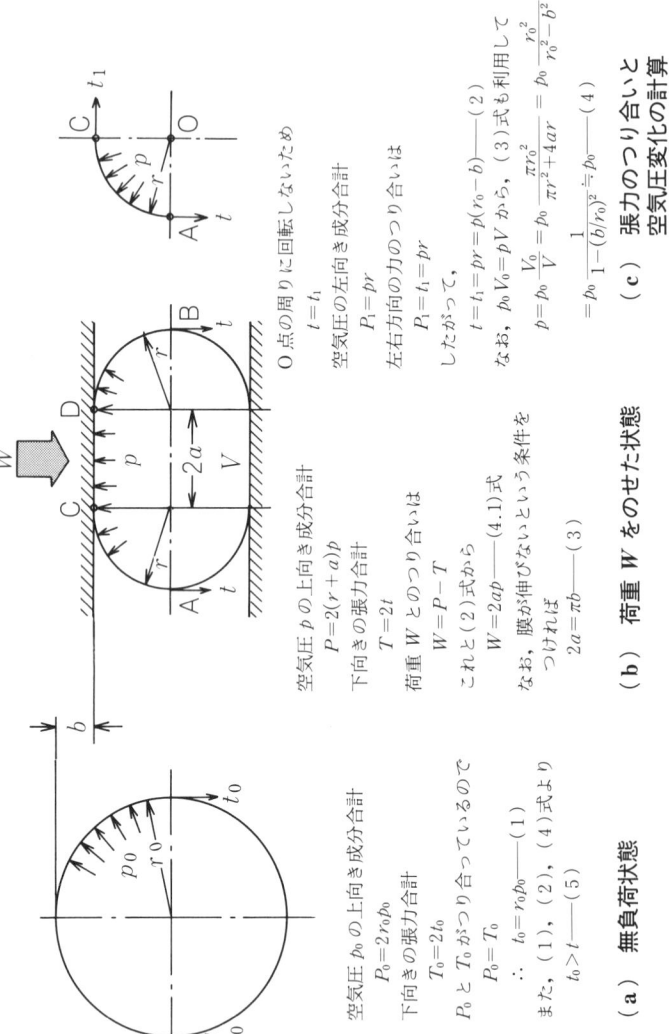

① 幅が広くなるので空気圧の上向き成分の合計が増える．
$$P - P_0$$
② サイドの曲率半径が小さくなるので，空気圧によって加わっていた張力の下向き成分の合計が減少する．
$$T_0 - T$$
③ 上記二つの合計が荷重とつり合っている．
$$W = (P - P_0) + (T_0 - T)$$
$$= [2(r+a)p - 2r_0 p_0] + [2r_0 p_0 - 2rp] = 2ap \quad (4.1)$$

つまり，風船は（タイヤも）自分が変形することによって空気圧を利用し荷重を支えているわけで，タイヤは空気を保持する圧力容器としての強度をもちながら，よくたわむように柔軟性を備えていなければなりません．そして荷重は，接触面積 ($2a$) × 空気圧 ($p$)（タイヤの場合は接地面積×空気圧）に等しいこともわかります．タイヤの場合はかなりの曲げ剛性がありますし，トレッドに模様が刻まれていますので，ぴったりではありませんがこれに近い値になります．

表4.1に代表的な乗用車，トラック，航空機及び建設機械用タイヤを比較してみました．ついでに人の足も加えてありますから比べてみて下さい．人の足よりタイヤ接地圧がはるかに高いですね．それからジャンボジェット機のタイヤは空気圧が高いので，接地圧も飛び抜けて高く，また負荷能力をタイヤ重量で割った荷重負担効率（表4.1最下行の荷重/重量）も大変高い値で，"飛行機用タイヤは力もち"なのです．航空機のタイヤには，ⓐ小さい，ⓑ軽い，ⓒ負荷能力が大きいということが要求されます．カーカスの強度を上げて高い空気圧で使用し，発熱が小さいゴムを使い，トレッドも薄くして高速で走行しても熱による故障が起きないように工夫された結果，力もちタイヤになったのです．ついでですが，トレッドが薄く，し

## 表 4.1 各種タイヤの接地圧比較

| タイヤ諸元<br>負荷特性 | 乗用車<br>165 SR 13<br>(4 PR) | トラック<br>11 R 22.5<br>14 PR | ジャンボジェット機<br>H 49×19.0-22<br>32 PR | 200 トンダンプ<br>40.00-57 R 57<br>☆☆ | 人の足 |
|---|---|---|---|---|---|
| 空気圧 kPa | 190 | 700 | 1 440 | 700 | — |
| 最大荷重 N | 4 165 | 26 950 | 251 860 | 588 000 | 588 |
| タイヤ外径 mm | 596 | 1 050 | 1 230 | 3 574 | |
| タイヤ幅 mm | 165 | 272 | 470 | 1 127 | |
| 溝深さ mm | 7.8 | 14.0 | 11.0 | 91.5 | |
| タイヤ重量 N | 67 | 515 | 1 078 | 34 300 | 588 |
| タイヤたわみ mm | 21.5 | 36.4 | 110 | 182 | |
| 接地面積 cm² | 192 | 456 | 1 720 | 10 076 | 212 |
| 縦ばね常数 N/mm | 194 | 740 | 2 289 | 3 231 | |
| 接地圧 kPa | 221 | 604 | 149 | 595 | 28 |
| 荷重/重量 N/N | 62.2 | 52.3 | 233.6 | 17.1 | 1.0 |

たがってトレッドパターンの溝が浅いので,数百回の離着陸で溝がなくなりますから,数回のトレッド張り換え(リトレッド,山かけ)を繰り返して使用されます.

今度はドーナツ状の風船をリムに組んで空気を張り,荷重をかけたときの様子を見ましょう.図4.2で接地部付近の下向きの張力が減少していると同時に,方向も横向きになっていますから,その鉛直方向成分はかなり小さくなります.この結果として鉛直方向成分の上向き合力 $T$ が荷重 $W$ とつり合っており,図2.2の自転車の車輪によく似通った状態になっています.

### バイアスタイヤの自然形状

タイヤの強度を考えるには,空気を充填したときにタイヤがどのような形状になり,どのような応力,ひずみが発生するかがわかっていなくてはなりません.バイアスタイヤには"自然形状"と呼ばれる理論式があり,次式で表されます.

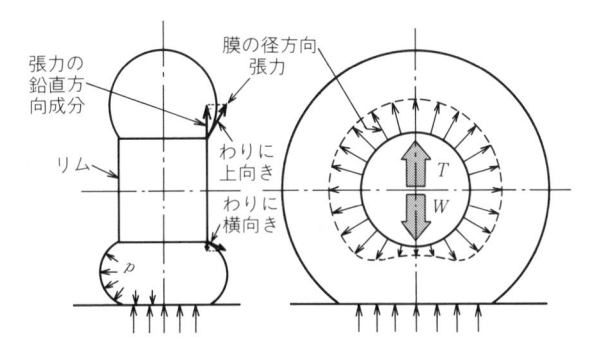

図 4.2 円環状の風船をリムに組んで荷重 $W$ をかけたときの張力の状態

$$z=\int_r^{r_0}\frac{(r^2-r_\mathrm{m}^2)\sqrt{r_0{}^2-r^2\cos^2\alpha_0}}{\sqrt{(r_0{}^2-r_\mathrm{m}^2)^2r_0{}^2\sin^2\alpha_0-(r^2-r_\mathrm{m}^2)^2(r_0{}^2-r^2\cos^2\alpha_0)}}dr \quad (4.2)$$

上式の座標と記号のとり方は図 4.3 のとおりで,車軸方向の $z$ 軸,半径方向の $r$ 軸の 2 軸の平面上に断面の形状が表されています.

この式はタイヤを薄い膜とし,力はすべてカーカスのコードが受けもってゴムは寄与しないと仮定されています.これはカーカスをあたかもコードだけから成る網のように考え,網の目は節点がずれずにひし形からひし形へ電車のパンタグラフのような変形 (パンタグラフ変形) をすると仮定します (図 4.4).またコードの伸びを考慮せず,力のつり合いだけで求められています.形状はクラウンセンタのコードの角度 $\alpha_0$ だけで決まり,コードの物理的性質に無関係です.力のつり合いを基礎条件として求めた形状ですから,自然形状といわれます.素朴な理論ですが形状は実験値と比較的よく

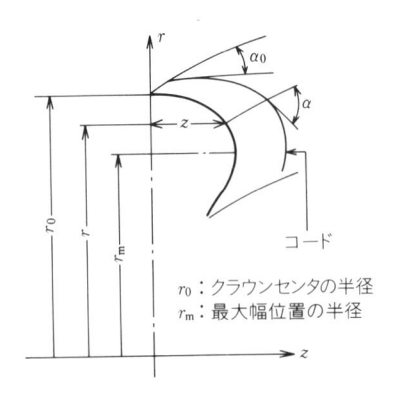

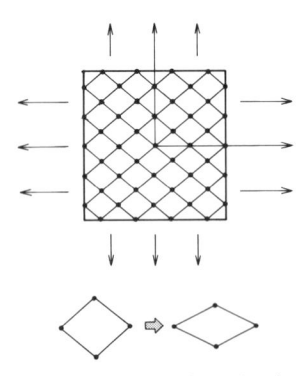

**図 4.3 タイヤの座標と記号の取り方**

$r_0$：クラウンセンタの半径
$r_m$：最大幅位置の半径

**図 4.4 網目構造とパンタグラフ変形**

一致するので十分実用に役立ちますし，仮定もおおむね成り立ちます．計算された形状の例，図 4.5 は縦軸，横軸とも最大径で割って基準化しています．クラウンセンタでのコード角度 $\alpha_0$ を小さくすると偏平な形状が得られます．初期のタイヤのようにカーカスにキャンバスを使っていたのでは，45°以外のコード角度はとれず，偏平タイヤもつくれなかったのですから，この点からも簾織りの発明者パーマーに感謝せねばなりません．

圧力容器としての強度は補強コードが保持し，コードの張力は，

$$t = \frac{(r_0^2 - r_m^2)\sin \alpha_0}{2rnw \sin^3 \alpha} p \tag{4.3}$$

と表され，$n$ は単位幅あたりのコード本数，$w$ はプライ枚数です．張力はクラウンセンタで最大値をとりますので，この最大値に対して必要な安全率を確保できるようにコードのデニール数，単位幅あたりのコード本数，プライ数を決めることになります．

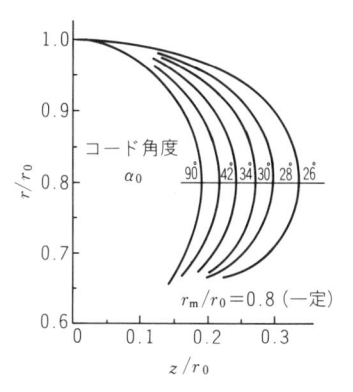

**図 4.5 コード角度を変えたときのバイアスタイヤの断面形状**

### ラジアルタイヤの形状

図 4.5 に $\alpha_0 = 90°$ の形状があります．$\alpha_0 = 90°$ といえばラジアルの方向ですが，妙に縦長の形状です．それはベルトのないラジアルタイヤだからです．ラジアルタイヤはカーカスのクラウン部に剛性の高いベルトでたがをはめて形状を形づくっていますので，ベルト抜きで形状は求まりません．しかも形状はカーカスとベルトとの剛性のバランスで決まることになるので，空気圧による変形を考える必要があります．これを解析的に扱うのはやっかいなので，カーカスをベルトの乗っかっているクラウン部とサイド部とに分ける方法が考えられました．こうするとサイド部は厚みも薄く，先ほどの形状の式で $\alpha_0 = 90°$ とした式で表されます．

コードの張力は，

$$t = \frac{r_0^2 - r_m^2}{2 r_0 n_0 w} p = (一定) \tag{4.4}$$

となってどこでも一定となります．そこでサイドのコード張力が一

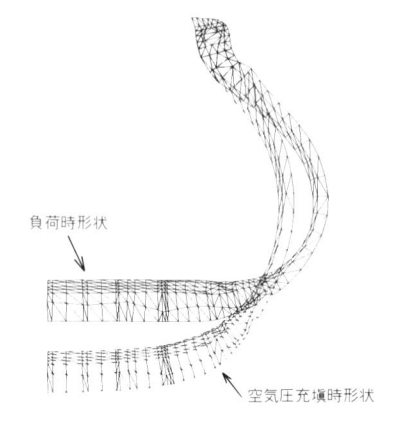

**図 4.6　有限要素法の例**（185/70 R 14）

定の形状を"ラジアルタイヤの自然形状"と呼ぶことがあります．

　クラウン部については，カーカスとベルトが空気圧を分担すると考え，カーカスの分担率を設定し，バイアスタイヤの形状を求めたのとほぼ同じ理論展開で形状を求めることができます．しかし，この方法は分担率に任意性があり予測には不向きです．最近ではコンピュータが発達したおかげで有限要素法が広く使われ，かなり厳密に形状，コード張力を求めることができるようになりましたので，タイヤ設計に活用されています．その一例が図 4.6 で，この図には空気圧を張ったときの形状と荷重をかけたときの形状を重ね合わせて描いてあります．コード張力等については後にいくつか計算例がでてきます．

### 圧力容器としての安全率

　圧力容器としての強度のチェックには水圧試験が行われます．破壊圧を $P_b$ とし通常使用される圧力を $p$ とすると，

$$P_{\text{b}} = s \times p \tag{4.5}$$

で安全率 $s$ が定義されます。$s$ を求める計算式はコード張力と空気圧との関係から容易に求められ，例えばラジアルタイヤのカーカスでは(4.4)式から，コードの破断強力を $t_0$ とすると，

$$P_{\text{b}} = s \times p = \frac{2 t_0 r_0 n_0 w}{r_0^2 - r_{\text{m}}^2}$$

$$s = \frac{2 t_0 r_0 n_0 w}{p(r_0^2 - r_{\text{m}}^2)} \tag{4.6}$$

となり，圧力容器としての強度設計に用いられます。ラジアルタイヤのカーカス，ベルトの安全率は両者とも次のような値となっています。

  乗用車用タイヤ  10～13
  トラック用タイヤ  6～ 9

これらの値はこれまでの故障の経験，十分走行したタイヤのコードの様子を調べた結果などによって決められています。なお，乗用車タイヤでは操縦安定性向上のためにコード本数を増やしてカーカス，ベルトの剛性を高めるので，上の値以上になることもあります。

## 4.2 コード張力とゴムの変形

本節では荷重を支えたタイヤ内外部の変形やひずみ，張力について説明します。これから先のおはなしの基礎になる事項です。

### タイヤの変形とコード張力

本題に入る前に有限要素法について簡単にふれておきます。有限要素法は構造解析のための手法で，その考え方は連続体を有限の要素に分割し，各々の要素間の変位と力の関係を求め，それが連続体

内部の変位と力を代表するものとして近似させようとするものです．要素数が増すと加速度的に計算量が増えるため，高速のコンピュータが必要不可欠ですが，コードとゴムの複合構造体という複雑な構造であるタイヤの構造解析になくてはならない手法となっています．

### （1） プライコードの張力

図 4.7 は乗用車用ラジアルタイヤの空気圧充填時及び荷重時のカーカスコード張力を有限要素法によって求めた結果で，空気圧充填時のコード張力はサイド部はほぼ一定で自然形状に近いことがわかりますが，クラウン部はベルトが空気圧を負担しているため，プライコードの張力が小さくなっています．

荷重時のタイヤの変形はサイド部で曲率半径が小さくなり，ビード部ではサイド部の曲げの方向とは逆方向のリムに沿った曲げ変形を受けます．したがって荷重時には，薄膜とみなせるサイド部の張

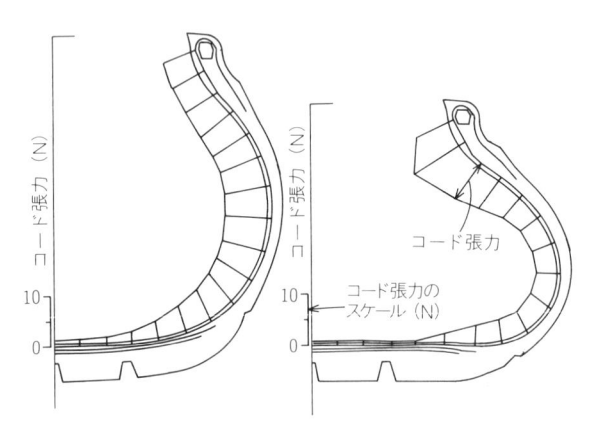

（a） 空気圧充填時　　　　　（b） 荷　重　時

**図 4.7　ラジアルタイヤのカーカスのコード張力** （185/70 SR 14）

力 $t$ は，曲率半径 $r$ に比例するのでコード張力も小さくなり，荷重を支える風船と同じ状態になっています．一方ビード部のリム近傍は厚みがあるので曲げの外側にあるコードは張力が増加します．

### （2） ベルトの張力

空気圧を張るとタイヤが少し膨張して外径も大きくなりますので，ベルトにはクラウンセンタが最大で端のほうほど少しづつ減少する張力が発生します．図4.8に一例を点線で示してあります．

次にタイヤの踏面部は周方向に曲率をもつのはもちろんですが，トレッドを均一に摩耗するよう工夫した丸みを断面方向にももたせており，これに合わせてベルトも2重曲率をもち図4.9のような形状をしています．ベルトは剛性が高いとはいえ，弾性がありますから端付近のショルダ部が伸び，センタ部が縮んでショルダ部の伸びを緩和するように変形しますので，荷重時には図4.8破線のような張力がかかります．

カーブで横力を受けたときにはベルトは接地面で横方向に変位し，

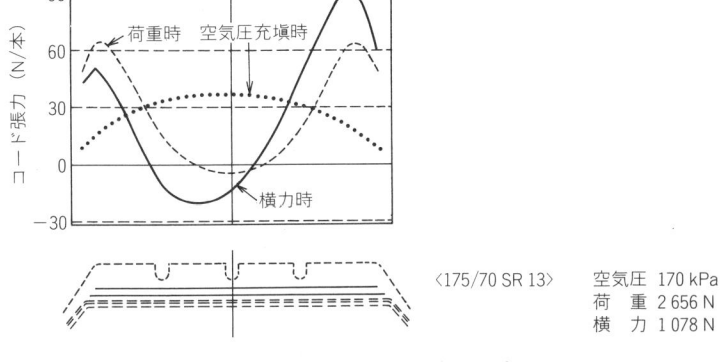

図4.8 ベルトコード張力の分布

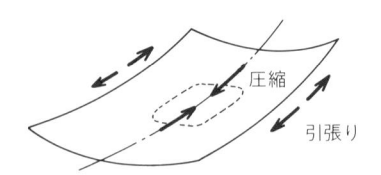

図4.9 ベルトの形状と平らになるように
押しつけたときの伸び縮み

面内の曲げ変形を生じて,曲げの外側で引っ張り,内側で圧縮ひずみを生じ,図4.8の実線で示したような張力が加わります.コード張力はこれらが加算されますので,カーブの外側でかなり大きくなります.ただコード端末では張力を負担できませんので,ベルト端付近では張力が低下し図4.8のような分布になります.

### タイヤの変形とゴムのひずみ

タイヤの変形に伴い各部のゴムもひずみを生じます.荷重時にはサイドのゴムは曲げの変形を受けますので,外側の表面には引張ひずみが生じ,トレッドのゴムは接地面で接地圧を受けて圧縮ひずみを生じます.この圧縮ひずみはトラック用タイヤなど接地圧の高いタイヤでは大きな値となり,発熱も大きくなります.ラジアルタイヤの場合これらのひずみに比べて大きなひずみが発生する部分が2か所あります.一つはベルト端部,もう一つはカーカスのコードがビードワイヤの周りに折り返された端部で,いずれもコードとゴムとの剛性段差があってひずみが集中しやすい部分です.

### (1) ベルト端部

乗用車用に一般的なベルトはコードを斜めに平行に配置した層を2枚,コードが交差する方向に積層しています.これを周方向に引っ張ったときの様子が図4.10です.方向が逆の2枚のベルトはそ

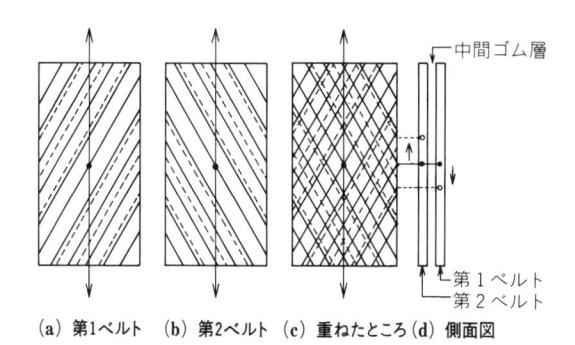

4.2 コード張力とゴムの変形　　103

**(a) 第1ベルト　(b) 第2ベルト　(c) 重ねたところ　(d) 側面図**

**図 4.10　ベルトの変形と層間せん断ひずみの発生**

れぞれ(a)，(b)のようにコードの角度は変化せずに間が開いて点線のように伸びます．2枚を重ねると(c)となり中心線上のコードの交点はずれないで，端にいくほどずれているのがわかります．この結果(d)で横から見るとベルト間のゴムにせん断ひずみが発生していることがよくわかります．バイアスタイヤの自然形状の項で，バイアスタイヤのカーカスは節点のずれないパンタグラフ変形をすると説明しましたが，コード端が存在するベルトは端に近づくにつれ節点がだんだん大きくずれてきます．

したがってタイヤが膨脹しベルトはほぼ一様に伸びているのですが，層間せん断ひずみはベルト端部に近づくほど大きくなり端で最大です．空気圧の高いトラック用タイヤではベルトの伸びも大きくなるので，より大きな層間せん断ひずみとなります．荷重時，横力時には図4.8で説明しましたようにベルトの端部が接地面でさらに伸びますから，ベルト端の層間せん断ひずみはその分増大し，タイヤ1回転ごとに繰り返し発生する動的なひずみとなって疲労破壊の原因となります．

## （2） ビード部

次にビード部です．ラジアルタイヤのビード部はカーカスのコード層がビードワイヤの周りを折り返し，カーカス側のコード層とともに"スティフナー"あるいは"ビードフィラー"と呼ばれるゴムをはさんだ構造です．空気を充塡するとコードに張力がかかり，カーカス側はベルトのほうへ，折り返し側はリムのほうへ引っ張られます．したがってサンドイッチされた間のゴムにせん断ひずみが発生します（図4.11(a)）．荷重時にビード部はリムのほうへ倒れ込むように変形し，ビードフィラーに図4.11(b)のような空気充塡とは逆向きのせん断ひずみが発生します．したがって乗用車ラジアルタイヤのビードフィラーほぼ中央部のせん断ひずみは，図4.12のようにタイヤの回転とともに変動します．フィラーはビード部の剛性を高める役割をもって厚くなっていますから，この部分の動的なせん断ひずみはタイヤの転がり抵抗に影響します．図4.12で $\theta = \pm 180°$ の値が空気圧充塡時のひずみに相当し，やはり空気圧の高いトラック用のタイヤではより大きな値を示します．このせん断

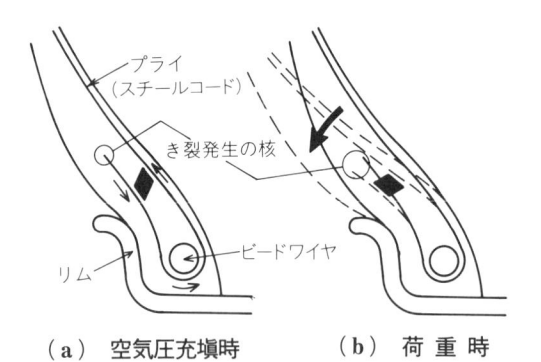

図4.11 ビード部の変形とせん断ひずみの発生
（a） 空気圧充塡時　　（b） 荷重時

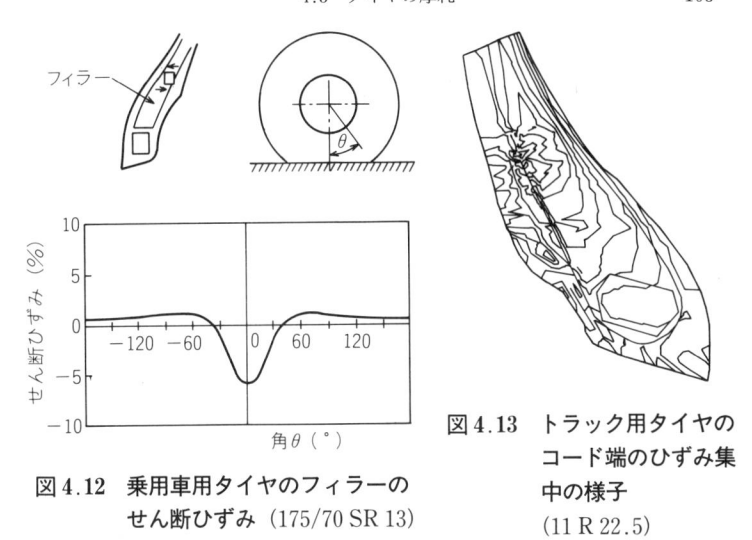

**図 4.12** 乗用車用タイヤのフィラーの
せん断ひずみ (175/70 SR 13)

**図 4.13** トラック用タイヤの
コード端のひずみ集
中の様子
(11 R 22.5)

ひずみはゴムとコードの剛性段差によりコード端部で集中し故障の原因となります．図 4.13 はトラック用タイヤの荷重時の計算結果を，同一ひずみの等高線図に描いたもので，ひずみ集中の様子がよくわかります．

## 4.3 タイヤの摩耗

タイヤが走行してトレッドゴムが摩耗していくのはあたり前のようなものですが，路面とタイヤのごく狭い接触面内で起こる現象にも種々説があり，たくさんの研究者によりミクロ，マクロの解析が実施されてきました．ここでは，これらの中で比較的一般に広く受け入れられている考え方についておはなししましょう．

## 摩耗形態の分類

タイヤが走行中,踏面内でゴム片がはぎ取られたり,欠け落ちたりあるいは削り取られたりして,トレッドゴムが失われていくのが摩耗です.種々の形態がありますが,大別すると次の二つに分類できます.

**(1) 疲労摩耗**(fatigue wear)

疲労摩耗とは,例えば平滑な鉄板の上ばかりを走っているタイヤのように極めて摩耗速度が遅いときの摩耗をいい,アメリカで良路ばかりを走行しているトラックでまれに見られますが,めったにお目にかからない摩耗形態です.このような場合,ゴムを摩耗させる力や滑りがごく小さいので,路面との間に分子オーダーの凝着が発生します.この凝着を繰り返して引きはがしているうちに,ゴムがはく離するもので,摩耗粉は微粒子です.そしてゴムの表面にはなんの模様も残らず,顕微鏡で見ても平滑な状態のままです.

**(2) 機械的摩耗**(mechanical wear)

機械的摩耗には,

① 引っかき摩耗(abrasive wear)

② 摩擦摩耗(frictional wear)

の2形態があります.二つとも機械的な力と滑りによって引き起こされる摩耗ですが,二つの間に基本的な違いがあります.引っかき摩耗は,粗い路面を走行しトレッドゴムと路面がスリップするときに,路面の凹凸や石の角でトレッドに傷が入り,これが原因でゴム片が欠け落ちるもので,摩耗粉はランダム形状つまり路面の状態やスリップの大小でいろいろな摩耗粉ができるわけです.そして摩耗した面にはスリップと同じ方向にミクロないしマクロの引っかき傷が,アブレージョンパターンとして残ります.

もう一方の摩擦摩耗は,1971年にイギリス人シャルマック(A.

Schallamach；シャルマッハとも読む）が摩耗現象の詳細な観察と実験により見いだしたシャルマック波に基づいて説明されています．この波は，ガラスレンズの凸面をゴム表面に接触・移動させれば簡単に観察できますが，比較的平滑な路面とゴムの接触面で図4.14のように，Ⅰ．接触，移動開始 ──→ Ⅱ．伸張スティック ──→ Ⅲ．スリップの過程を繰り返すことによって発生します．このときゴムの表面に図4.15のような応力（摩擦力）が発生しています．

シャルマックはこの応力と移動距離（スリップ量）の積を"摩耗エネルギー"と呼び，ゴムの摩耗量は摩耗エネルギーに比例することを見いだしました．つまり摩耗の基本式は次のようになります．

$$\text{摩耗量} \propto \text{摩擦力} \times \text{スリップ量} \tag{4.7}$$

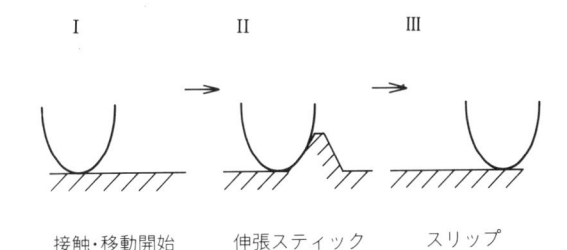

**図4.14 シャルマック波の発生**

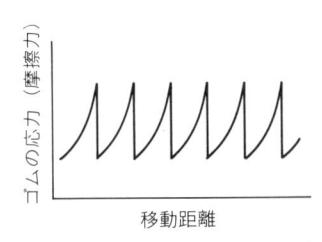

**図4.15 シャルマック波で生じる摩擦力**

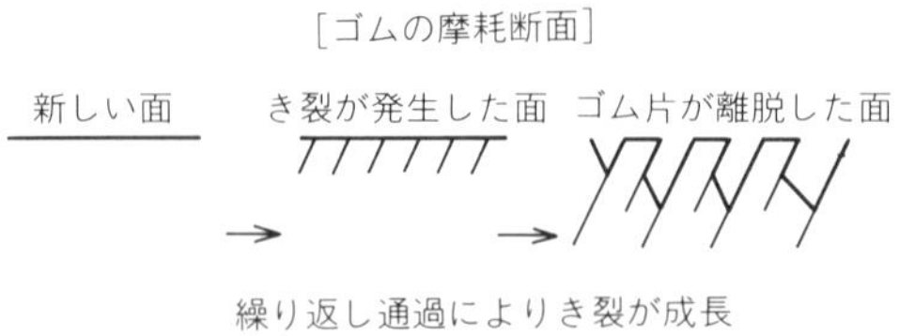

[ゴムの摩耗断面]

新しい面　　　き裂が発生した面　ゴム片が離脱した面

繰り返し通過によりき裂が成長

**図 4.16　摩耗エネルギーによるき裂の発生と成長**

なお疲労摩耗の場合の摩耗エネルギーは大変小さいのですが、これに比べて摩擦摩耗は中から大、引っかき摩耗は大きい摩耗エネルギーで起こります。

ここで発生した摩耗エネルギーは、ゴムにき裂を起こさせるために消費されます。その様子は図4.16に示されるとおりで、シャルマック波の繰り返しにより、だんだんゴムのき裂が発生・成長していくにつれて、ゴム片が欠け落ちていき、これがすなわち摩耗ということになります。そして、ゴムの表面にはスリップと直角方向の規則的なしま模様が、アブレージョンパターンとして残り、しま模様の方向、大きさ、間隔等を観察することによってゴムの摩耗履歴や、加わった摩擦力、スリップ量等も推定することができるのです。

通常のタイヤ使用条件下で観察できる摩耗は大部分がこの摩耗に属するもので、摩耗粉はロール状のものが大部分です。

### 接地面内のトレッドの動き

タイヤの接地面内でトレッドの各部は大変複雑な動きをし、それがいろいろな形態の摩耗を引き起こします。図4.9で荷重がかかったとき、ベルトが複雑な変形をするとおはなししましたが、変形の様子はラジアルタイヤとバイアスタイヤでかなり違ってきます。図4.17はラジアルタイヤとバイアスタイヤに荷重をかけ、横から見

(a) ラジアルタイヤ　　(b) バイアスタイヤ

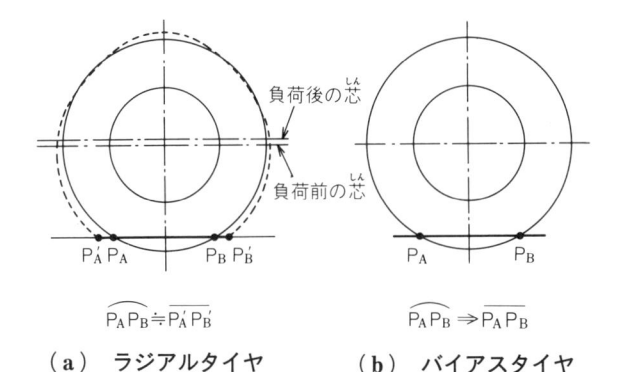

図 4.17　ラジアルタイヤとバイアスタイヤの荷重による変形の比較

たところで，両者の違いを誇張して描いてあります．ラジアルタイヤには周方向の剛性が高いベルトがありますので，周方向に伸び縮みしにくいものですから，（a）の図のように負荷前に弧 $P_A P_B$ だったトレッドはほぼ同じ長さ（もちろん若干は縮みます）の直線 $P_A' P_B'$ となり，一方でベルトが全体として上に押し上げられて偏芯した状況になります．これに対して，バイアスタイヤはベルトがないので周方向の伸び縮みが楽ですから，（b）の図のように負荷前の弧 $P_A P_B$ は収縮してほぼ直線 $P_A P_B$ となりますので，ラジアルのようにタイヤ全体が上に押し上げられて偏芯するような状態にはなりません．タイヤの幅方向についても同様な状況になります．

図 4.18 はトレッドパターンのないタイヤを平面に押しつけたときのトレッドの動きを模式的に示したもので，ラジアルとバイアスを比較してあります．2 方向に曲率をもったトレッド面を変形させて平面にするのですから，トレッド面は周方向にも幅方向にも縮まなくてはなりません．したがってトレッドの各部が接地中心に向かって動くのは当然ですが，図 4.17 でわかるとおりラジアルのほう

が縮み量が小さいのですから，本質的に接地面内のトレッド動きが小さく摩耗しにくいことになります．

このようなベルトの変形に応じた動きのほかに，トレッドパターンの影響も受けます．パターンの溝があるとその部分で縮みやすくトレッドの動きが大きくなりがちです．車両の加速，減速，操舵により路面との間に前後方向や横方向の水平力（せん断力）が働くと，路面とトレッドの間にスリップが発生し，シャルマック波を通じて摩耗を引き起こすことになります．駆動輪のタイヤには加速時には回転方向の，制動時には反回転方向の滑りが発生して加算され，例えば駆動時には図4.18下側の図のようになります．遊動輪のタイヤには加速，減速で滑りの大きさは変わりますが，常に反回転方向の滑りが加わっています．全体としてはラジアルタイヤのほうがトレッド動きが小さいのですが，幅方向にベルト剛性の大きな差があると問題も生じます．図1.15高性能ベルトや図1.17折り畳みテキスタイルベルトなどは，折り畳んだ部分の周方向剛性が他の部分よりかなり高いものですから，負荷時に縮まず他の部分より長すぎて回転時に引きずられることになり，結果として肩落ち摩耗になりや

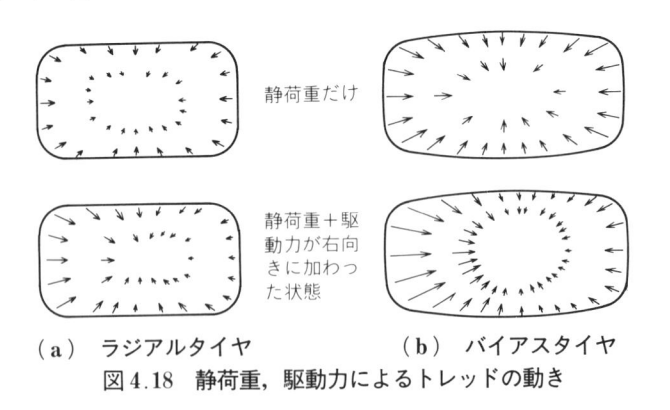

(a) ラジアルタイヤ　　　　(b) バイアスタイヤ
図4.18　静荷重，駆動力によるトレッドの動き

すい構造といえるでしょう．ラジアルタイヤは，摩耗しにくくて寿命が長いものですから，このようにトレッド動きから見てアンバランスなところがあると，はっきりした偏摩耗に進展しやすいので，設計上注意を要するところです．

次にシャルマックは，摩擦エネルギーと摩耗量の式（4.7）をさらに変形して次式を示しています．

$$V \propto F \times S = \frac{F^2}{P} \qquad (4.8)$$

ここに，$V$：摩耗量　　$F$：摩擦力　　$S$：スリップ量
　　　　$P$：単位スリップあたりの摩擦力

市街地走行よりも山坂を走行したとき，あるいは直進よりもカーブを切ったときのほうがせん断力 $F$ が大きいので，摩耗量はそれの2乗に比例して増大しますから大きな差となります．図 4.19 に

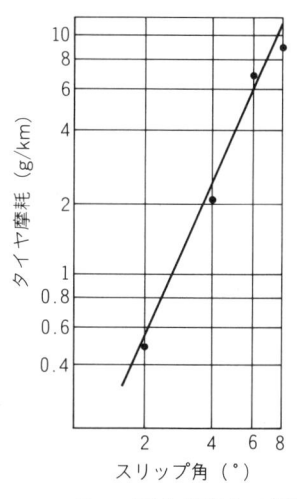

**図 4.19　スリップ角と摩耗との関係**[30]

コーナリングにより摩耗が著しく促進されるというデータの例を示しました．ですからコーナリング操作の多い自動車教習所の車の，特に前輪タイヤは，大変早く摩耗します．ラジアルとバイアスではラジアルのほうが剛性の高いベルトの効果で，小さな横変形でも十分なコーナリングフォースを発生するので，横方向のトレッド動きが小さくて済み摩耗面でも有利です．ただし，この結論はラジアルとバイアスを同じ程度のコーナリングで使った場合のはなしで，一般にはラジアルのほうが操縦安定性が良いものですから，やはりその分，速いコーナリングで走ることになりがちです．つまりラジアルとバイアスを比較するのもなかなかむずかしいことなのです．

　アブレージョンパターンの例を一つあげておきましょう．図 4.20 の上段は走行初期から中期にかけて，かなり大きな横向きの力を受けて少しショルダ部がセンタ部と段がついたように摩耗し，いわゆる肩落ち摩耗の初期を呈しています．アブレージョンパターンの間隔が広いので摩擦力が大きく，スリップはさほど大きくない状態の摩耗で，力の向きは横方向成分が大きいこともわかります．

　下段は同じタイヤを使い続けて中〜末期に至り，肩落ちが進行するにつれてショルダ部の接地圧が低下した結果，横向きの大きな力は働かず，回転方向の大きなスリップと比較的小さな力で摩耗したことが，やはりアブレージョンパターンの向きや間隔で読み取ることができます．

### 摩耗寿命について

　これまでのおはなしで既におわかりと思いますが，摩耗現象は複雑多岐にわたっており，道路条件や走行条件あるいは気候条件によって摩耗速度に大変大きな差が生じます．したがって一概に何万キロメートルもちますとはいえないのですが，一応の目安を表 4.2 に

4.3 タイヤの摩耗　　　113

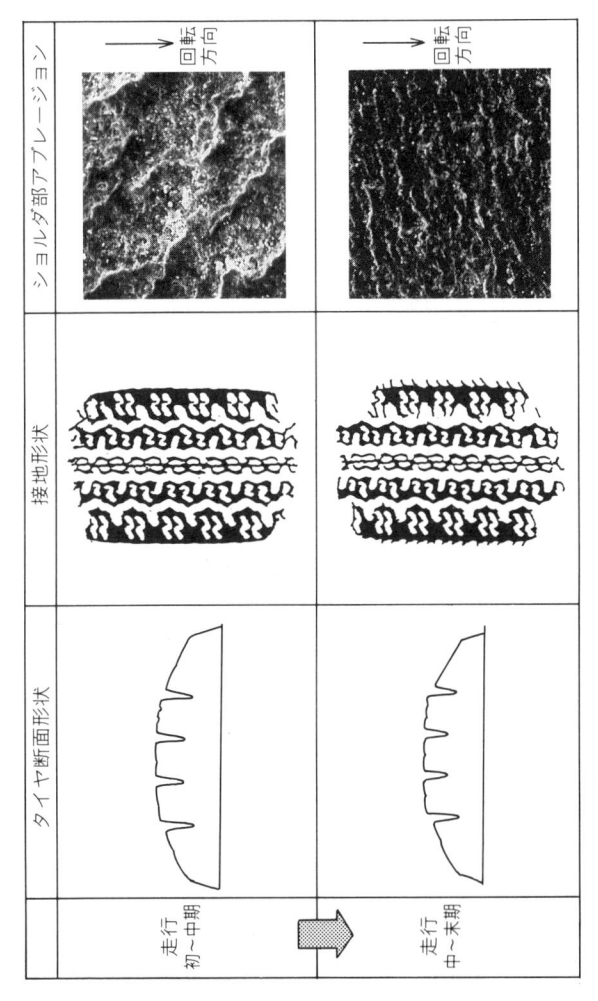

図 4.20　タイヤの断面形状，接地形状，アブレージョンパターン

### 表 4.2 摩耗寿命の概略値

| | 区　　分 | 摩耗寿命 |
|---|---|---|
| 乗用車用スチールラジアル | 汎用タイヤ<br>高性能タイヤ | 3〜6万 km<br>2〜3万 km |
| トラック用スチールラジアル | 路線トラック<br>バス<br>ダンプトラック | 20〜30万 km<br>10〜20万 km<br>5〜10万 km |

まとめておきました．

　乗用車汎用タイヤの寿命で，3万 km から 6万 km と倍も開きがあるのは，主として肩落ち摩耗やタイヤの片側ばかりが早く摩耗する片減り等の偏摩耗が発生するためです．自動車の前輪タイヤには，爪先をわずか内側に向けたトーイン，上下方向にはわずか外開きにしたキャンバーなどのアラインメントがつけられていますが，これが狂っていると偏摩耗を起こしやすいので，タイヤバランスも含めた管理とタイヤの位置交換が必要です．FF車は前輪の荷重負担が大きく，しかも制・駆動力もコーナリングフォースも伝えなければなりませんから，どうしても後輪より摩耗が早いので，位置交換をおすすめします．また，高性能タイヤの寿命が意外に短いのは，優れた路面グリップを確保するために，摩擦係数が高くて，やや耐摩耗性の劣るゴム配合が使用され，かつハードコーナリングで走行される可能性が高いためです．

　また路線トラックのタイヤよりも都市バスのタイヤの寿命が短いと聞いて不審に思われる方もおられるのではないでしょうか．車両の前後方向及び横方向の加速度を測定した結果，都市バスのほうが明らかに大きな加速度を示しています．都市内の混雑の中で，急加速，急ブレーキを余儀なくさせられ，曲がり角もできるだけ小さい半径で回らなければならないといった事情もあるのでしょうか．

## 4.4 タイヤの偶発故障

信頼性工学で"偶発故障"あるいは"一発即死型の故障"と呼ばれている型に相当するタイヤの故障は，バースト（burst；破裂，爆発，張り裂け）といわゆるパンクの二つだと思います．

### バースト

バーストは石などで傷を受けてコードが切断され，空気圧を負担しきれなくなって起こすカットバーストと，傷はなくてほぼ純粋に突起等に乗り上げた衝撃で過大な張力がコードにかかり，コード層が破断して起こるショックバーストの二つです．しかし，いずれにしてももともとの原因は不整地を走行して障害物に乗り上げたり，ぶつかることですから特に分けずにおはなしを続けます．

普通は非舗装路で，まれには舗装路上でもタイヤが石などの障害物を踏みますと，それを包み込むような変形をします．障害物が小さければトレッドゴムだけの局部的な変形ですみますが，大きな障害物ですとカーカスまでも大きく変形します．障害物の大きさ・形状・表面の摩擦係数，タイヤのほうでは空気圧の高低・カーカス強度の大小等，さらに走行速度が速いか遅いか等々の条件によって，タイヤに加わる応力の集中度，変形量，衝撃度等が変わってきます．また雨天等でタイヤや路面がぬれていますと，タイヤと突起の間の摩擦係数が40〜50%も小さくて，切り傷を受けやすくなります．

このようないろいろな条件に左右されて，ⓐ大小の切り傷が入る，ⓑ切り傷が原因となってバーストに至る，ⓒ傷は入らないが内部でコードが切れる，ⓓそのコード切れが原因となってバーストする，ⓔバーストには至らないが傷が大きくて使用に耐えず廃棄されるなどの結果になるわけです．

プライあるいはベルト枚数が多い建設車両用やトラック用の切り傷がなくて壊れたタイヤを調べてみますと、ラジアルタイヤでもバイアスタイヤでも最初に破壊するのは表面からではなくて内部のコードが引張りで破壊しており、曲げの外側にあたるタイヤの内面側が先に破壊しています。タイヤは伸びにくいコードと変形しやすいゴムの複合体ですから、タイヤが大きな障害物に乗り上げカーカスが大きくくぼんだ場合でも、ベルトやプライの間のゴム層がせん断変形をしてくれるおかげで、タイヤ内面側と外面側のコード張力がかなり平均化され、内面側がやや大きい程度まで軽減されるのですが、それにもかかわらず内面側から故障しているタイヤには、よほど大きな変形が衝撃的に加わったものと思われます。一つの層が破壊すると当然他のプライまたはベルトにその分の引張力が転嫁され過荷重になりますので、順次破壊が伝ぱしてバーストに結びつくことになります。最近ではこの種の故障に対してもプライ各層の応力を大型コンピュータを使用し有限要素法で解析しようとしています。

図4.21はカットバーストを起こしたトラック用タイヤの写真で

図4.21 カットバーストを起こしたトラックタイヤの外観

す.外傷がありますので純粋な衝撃破壊ではありません.この種の故障は一発即死型で本当に危険なものでしたが,スチールラジアルタイヤの普及もあって,最近ではあまり見かけなくなりました.現在でもバイアスタイヤは,トラックタイヤの一部分と建設車両タイヤの分野で使われていますが,パンクやカットあるいはバーストによる不稼働時間はそのまま収入の減少につながりますので,これを嫌いラジアル化が進んでいるようです.サイド部に外傷や衝撃を受けて故障することもありますが,クラウン部ほど派手にバーストすることは少なく,"サイド外傷"とか"ショックコード切れ"と呼ばれています.

### パンク

最近はタイヤのパンクが非常に少なくなって,やや関心が薄れた感もありますが,高速走行時にパンクのために事故を引き起こす心配と,交通ラッシュの路上でタイヤを取り換えるときの危険性を考えると,今後も注意を払っていかなければならないでしょう.

1976年といいますから古いデータですが,図4.22にパンクの原因となった異物の調査結果を示してあります.いろいろな大きさが含まれていますが,釘踏みによるパンクが全体の87%を占めています.ボルトと木ねじも加えればなんと94.5%が釘状のものを踏んでパンクしています.この図を見てなぜこんなに釘類が道路上にたくさん落ちているのか不思議なのですが,最近は荷物の輸送用梱包に釘を使わなくなっていますので,道路上の釘が減りパンクの減少につながったのではないでしょうか.1960年代半ばにNHK総合テレビが釘をばらまいた路上を走る自動車を高速度カメラで撮影し,前輪が釘を跳ね上げてたまたま斜めに立った釘を後輪が踏んでタイヤに刺さるシーンを放映したことがあります.前輪と後輪のパンク

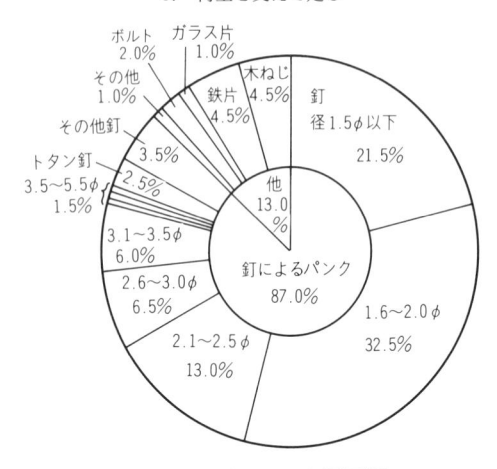

**図 4.22 パンクの主要原因**

発生数は，前輪 20% に対して後輪 80% というデータがあり，この釘踏み現象がパンク発生の主因であることを裏づけているようです．

同じころナイロンバイアスタイヤを使っていた都内のタクシーは，平均 19.9 日に 1 回パンクしていました．そのころ都内のタクシーは月に約 1 万 km の走行でしたから，ほぼ 6 600 km に 1 回はパンクしていたことになります．そして地方のタクシーは都内の倍以上のパンク発生率でした．非舗装路に釘がたくさん落ちているのか，凸凹道のほうが釘が立ちやすくてパンクにつながりやすいのか，解明できませんでしたが，後者ではないかと思っています．これが正しければ道路舗装の進展もパンクの減少に効いたことになります．

タイヤの側ではスチールベルトラジアルタイヤがパンクの減少に大変効果がありました．タクシー用ラジアルタイヤはスチール 3 枚ベルトでしたが，パンク発生率が 1/5～1/10 になったと記憶しています．また，現在では乗用車タイヤがほぼ 100% スチールベルトラ

**表 4.3 パンク発生頻度**

| 調査年度 | 1976 年 | 1986 年 | 1998 年 |
|---|---|---|---|
| パンク頻度 万 km/回 | 4.1 | 6.2 | 7.2 |

(社) 日本自動車工業会調べ

ジアルのチューブレスになってしまいました．チューブレスタイヤですと釘を踏んでもよほど大きい釘でない限り，急には空気が抜けませんので，走行中のスピンなどの危険な状態になることはめったにないと考えられます．またトレッドが75%摩耗したタイヤのパンク発生率は，新品タイヤの2倍になるというデータがあります．やはりいろいろな点からツルツル坊主のタイヤは危険ということでしょう．その後のパンク発生率を調査したデータが表4.3です．これを見るとパンク頻度が大幅に減っていることが分かります．タイヤ取り替えまでに1回パンクするかしないかというオーダーです．

しかしそれでもパンクに伴う事故が心配されるため，世界中のタイヤ会社がいろいろな発想で，パンクしにくいタイヤ，パンクしないタイヤ，パンクしてもかなりの距離走れるタイヤを開発してきました．最近になってその開発が進み，自動車メーカーの採用も拡大される状況になってきましたので，この状況を9章でお話ししたいと思います．

## 4.5 タイヤの疲労破壊

### 疲労破壊型の故障

信頼性工学では，寿命の中期から末期に疲労によって発生してくる故障を"摩耗故障"と呼んでいますが，タイヤではトレッドの摩耗と紛らわしいので"疲労破壊型の故障"と呼ぶことにします．

4.2節でおはなししたように，タイヤの各部には空気圧によるひずみに加えて，車の走行中に荷重，駆動力，制動力，横向きの力が働き，タイヤの転動により接地面を中心に繰り返される動的なひずみが生じて材料の疲労劣化を生じさせ，ひいては故障につながります．動的なひずみは材料の機械的疲労劣化ばかりでなく，ヒステリシスロスによる発熱を引き起こすので熱劣化も促進します．過荷重や空気圧不足で使用したり始終衝撃力を受けるような使用条件では，変形が大きいため劣化が早く早期に故障する恐れがあります．

疲労故障を防止するには，まず故障核となる部分のひずみを低減することが必要です．ラジアルタイヤの場合，破壊核は4.2節でおはなししたとおり，ベルトの端部とビードのカーカスコード端で，ゴムとの剛性段差があって応力集中を生じる場所です．コードを裁

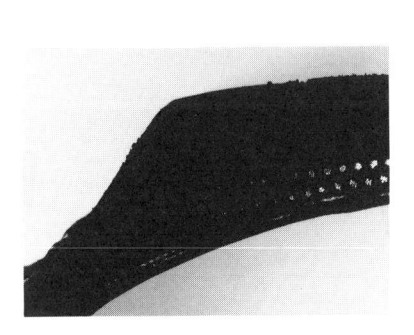

図4.23 乗用車ラジアルタイヤのベルト端セパレーション

図4.24 トラック用スチールラジアルタイヤのビード部プライコード端の故障

断した断面はめっきがありませんのでもともとゴムと接着していませんから、接着していない部分がき裂の発生核となり、繰り返しひずみがかかると、き裂が発生、成長して故障に至ります。図4.23は乗用車ラジアルタイヤのスチールベルト端から、き裂がコーティングゴムに進行してベルト端のセパレーションを発生した様子で、図4.24はトラックスチールラジアルタイヤのビード部プライコード端からき裂がスティフナー内部に進行したビード故障の例です。

また、多層の有機繊維プライをもっているバイアスタイヤでは、特に高荷重下でビード部の屈曲によりコードに圧縮ひずみが生じ、コード自体が疲労破断したり、カーカスの屈曲によってプライ間に大きなせん断ひずみが発生し、プライ間セパレーション（はく離）を起こすこともあります。いずれも疲労故障に属します。

### ひずみ測定，計算と低減

そこで耐久性向上のために、こうした破壊核となる部分のひずみ測定とその低減のための努力が行われてきたわけですが、ひずみ測定といってもゴムの伸びはほかの材料に比べて非常に大きく、その値は数十パーセントにもなります。現在世の中でひずみ測定に最も広く使われているのは、"抵抗線ひずみゲージ"と呼ばれるごく細い金属線を被測定物に貼りつけ、それが伸ばされたときの抵抗変化からひずみを求めるものですが、こうしたゲージではタイヤのひずみが大きいために測定限界を超えて破断してしまいますし、ゴムのような軟らかいものに貼るとゲージ自体の剛性が大きいために、ひずみの分布が変化してしまうので使い物になりません。そこで図4.25に示す"クリップゲージ"と呼ばれる大ひずみに追随できるひずみゲージ等を考案して測定が行われています。

最近ではコンピュータの発達によって、有限要素法などの構造解

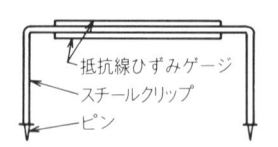

図 4.25　大ひずみ測定用クリップゲージ

― 抵抗線ひずみゲージ
― スチールクリップ
― ピン

析手法もひずみ解析に使われていますが，その場合にも大変形であることと，材料の非線形性（加えた力と変形量が比例しない）のために，金属材料などと比べると解析をかなり困難なものにしています．

　しかし，1970年代の中ごろに有限要素法がタイヤの解析に使えるようになり始めるまで，耐久性関連では空気圧に対するカーカスとビードワイヤの安全率計算しかできなかったのに比べ，夢のような進歩といえるのではないでしょうか．例えば，ひずみ低減の手段を考える場合，いくつかの案について有限要素法で計算して机上で比較し，候補を絞ってから試作・実験に入ることができますから，開発の効率が大幅に向上します．

　ひずみ低減のためには，ⓐ補強部材の配置——例えばベルトコードの角度を変えて変形を抑制したり，ベルト端の間隔を変えて変形は同じでもひずみを小さくする，ⓑゴムの機械的性質変更——ゴムの配合を変えて硬度を上げ変形を抑制する，ⓒタイヤの断面形状を変えて変形を抑制する等いろいろな手段があります．

　このうち，ⓒ断面形状の利用はタイヤ独特ではないかと思いますので，簡単に紹介しましょう．図4.1(1)式に示されるようにカーカスに発生する張力 $t$ はその曲率半径 $r$ に比例します．したがって同じ構造のタイヤでも，カーカスの形状を変更することでタイヤの特定部分の張力を変え，変形状態を変えることができます．タイヤ形状の設計理論としては，自然形状理論がありタイヤに空気を充

図 4.26　TCOT 形状

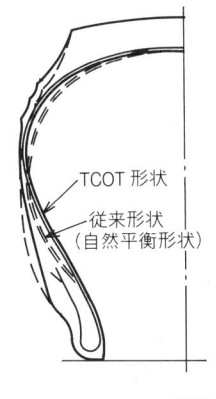

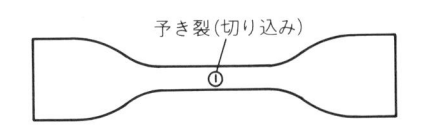

図 4.27　疲労性評価用ゴム試験片

填したときにカーカスに生じる張力が一定となる形状が，数学的に求められていることも 4.1 節でおはなししました．図 4.26 は，1988 年にブリヂストンが発表した TCOT 形状（Tension Control Optimization Theory）の例ですが，従来タイヤに比べて TCOT 形状はビード部のカーカス曲率半径を大きく，サイド上部の曲率半径を小さくしているので，ビード部の張力が増し変形が減少して，ビードの耐久性が改善されたことが報告されています．

### ゴム，繊維の疲労

タイヤに使用しているゴム材料は，補強のためのカーボンブラックを始め各種の充填材が入った加硫物ですから，その疲労破壊機構は，ⓐ充填材の凝集塊等ミクロな欠陥部に局所的な応力集中，ⓑ内部構造変化，ⓒ分子鎖切断，ⓓき裂の発生，ⓔき裂の成長，これらが複合した現象です．特に前項のベルト端やビード部の故障では，初めからスチールコード端にゴムのき裂の核となる非接着部が存在

しています.さらにタイヤでは走行中の発熱,蓄熱によって高温になり,その状態で酸素の拡散による熱酸化劣化が生じ,機械的な疲労と組み合わさってき裂の発生,成長に至ります.温度が上昇すると劣化速度が増して寿命が低下するので,疲労寿命の改善には発熱面の改良も効果があります.機械的な繰り返しひずみが加わった場合の耐疲労性の評価には図 4.27 に示すように,ゴムシートに切り込みを入れたサンプルに繰り返し変形を加え,切り込みからのき裂成長速度を測定するとともに,動的応力 $S$ と材料破断までの繰り返し数 $N$ をプロットした $S-N$ 曲線を求めて評価します.また熱老化に対する評価も必要ですので,オーブン中で老化させた後に特性を調べることも行われています.

有機繊維コードとしては,ナイロン,ポリエステル,レーヨンなどが使われていますが,一般に繊維材料は圧縮されると弱いので,なるべく引っ張った状態で使われるようにタイヤは設計されています.繰り返し圧縮入力が加えられると,コード上に"キンクバンド"と呼ばれる細かい斜めの線が観察されるようになり,コードの強度が急激に低下します(図 4.28).このキンクバンドは結晶内の

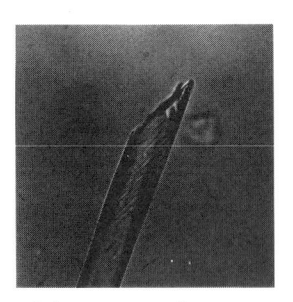

図 4.28　6ナイロンのキンクバンド

滑り面です．ポリエステルがタイヤ温度の高い大型タイヤには不向きなことは既に説明しました．

トラック用などの大型ラジアルタイヤのベルトや，カーカス及び乗用車用タイヤのベルトには，スチールコードが補強材として使われています．スチールコードの疲労強度は比較的高く，通常の使用条件ではコード自体の破断はまれです．ただし路面からカットを受けてベルトまで到達する傷が入り，そこから水分が侵入してスチールコードとゴムの接着層に水が触媒の役割で関与しますと，真鍮めっき中の銅 Cu とゴム中の硫黄 S が反応して，もろい $Cu_xS$ が生成されるといわれています．また，水が直接に反応すると $Zn(OH)_2$ が生成され，これらは非常にもろい層になり，これらの層に屈曲変形やせん断ひずみが加わるとはく離し，セパレーションを発生しやすくなります．

またトラックタイヤ以上の大型のラジアルタイヤではプライにスチールコードを使用していますが，タイヤ転動による屈曲変形でより合わせたフィラメント同士がすれ合うため，めっき層が摩滅して鉄地が現れます．そこに水が作用すると腐食反応が起こり，急激にフィラメントの強度が低下して，バースト故障になるといわれています．この現象はフィラメントの破断面に特徴があるためすぐわかります．通常の引張りの力で破壊したものは，直径が徐々に細くなり先端が球面状を呈するのに対して，球面状のところが存在せず長手方向に裂けた破断面が観測されるためです．最近では，チューブつきタイヤでも内面ゴム（インナーライナ）層に水分が透過しにくいブチル系ポリマー（臭素化ブチル Br-IIR，塩素化ブチル Cl-IIR）の配合物が使われ．スチールコード自体も残留応力を取り除くなどの技術進歩で，かなり過酷な使用条件下でもこのような故障は起きないように改良されています．

## 4.6 タイヤの高速耐久性,耐熱性

### 高速ではスタンディングウェーブに注意

タイヤがある程度以上の高速で走行するときに接地面の後方に定常波(スタンディングウェーブ)が発生する現象がありますが(図4.29),スタンディングウェーブが発生すると造波のためのエネルギーでタイヤの転がり抵抗が急激に増し,温度も急上昇して直接タイヤの破壊に結びつきます.スタンディングウェーブは波の伝ぱ速度とタイヤの走行速度との関係によって発生します.タイヤの回転によって接地面でのたわみが生じ,これが刺激力となってタイヤに加えられます.その際,ベルトを伝わる波動の伝ぱ速度(臨界速度) $v$ はいろいろな要因の影響を受けますが,ベルトの曲げ剛性やカーカスの影響を省略して単純化すると,クラウン部の単位長さあたりの質量 $m$ と空気圧によるベルト張力 $t$ によって決まり,次式で計算できます.

$$v = \sqrt{t/m} \tag{4.9}$$

図 4.29 スタンディングウェーブ

タイヤの回転速度がこの臨界速度に達すると，波動は静止してスタンディングウェーブとなります．一般の乗用車用タイヤではクラウン部の質量が小さいので，通常の高速走行（150 km/h 以下）では全くスタンディングウェーブの発生はみられません．ただし空気圧が低くなるほど張力 $t$ が減少して臨界速度は低下するので，高速走行時には空気圧の管理には十分注意が必要です．一方トラック用の大型タイヤではクラウン部の質量は大きいのですが，使用される空気圧が高いので問題ありません．特に高速で使用される航空機用タイヤ（大型商用ジェット機の認定試験の際の離陸速度は 360 km/h にも達します．）やレース用タイヤなどでは高速耐久性を上げるためのいろいろな方策がとられています．

**発熱も大敵**——航空機タイヤ，超大型タイヤは天然ゴム主体

繰り返し変形による機械的な疲労破壊ではなく，主に熱による劣化が主体の故障もあります．タイヤ温度が高温（130℃以上）になると配合ゴム，コード等の熱劣化が増し故障の発生が急激に早まります．スタンディングウェーブによる破壊もタイヤ温度が急上昇するために生じるものです．特に大型で蓄熱しやすいタイヤでは，発熱の少ない材料を使うなどの工夫がされています．

航空機用タイヤは走行距離こそ短かいのですが，大型旅客機（例えばジャンボジェット機）用のタイヤではタイヤ1本あたり20 t もの荷重を支えています．この大きな荷重を支えるために充塡空気圧が高くなり，カーカスプライの枚数も多くなります．そのためタイヤの肉厚が厚く蓄熱しやすい上に，最近では空港の大型化に伴って，"タクシイング（taxiing）"と呼ばれる地上での移動距離が増しているので，かなりのタイヤ温度になります．建設車両用の超大型タイヤも200 t ダンプ用では許容荷重50 t で，タイヤ外径3 m 以

上になるサイズもあり熱的には厳しいタイヤです．こうした熱的に厳しい条件で使われているタイヤには主に発熱の少ない天然ゴムが使われています．

### トラックタイヤのトンキロ管理

　高速道路の発達により高速連続走行の機会が増しており，大型車両でも路線トラックや高速バスなど例外ではありません．タイヤに使われているゴムは，熱の不良導体でヒステリシスロスによる発熱がタイヤ内部に蓄積され温度上昇を招きます．タイヤが飽和温度となるのに乗用車用タイヤで約15分，トラック用では1時間近くかかりますが，特に肉の厚いトラック用のタイヤでは，温度が高くなりやすく熱的にあまり余裕がないので，高速連続走行の場合耐久力で最も問題となるのは，熱によるクラウン部のヒートセパレーションです．高速道路のパーキングエリアでタイヤにふれてみれば，乗用車用タイヤに比べてかなり熱くなっているのがわかると思います．そこでどんな条件まで故障なしで使用できるかの目安として $WS$ 値が使われています．$W$ は負荷能力（tで表す）で，$S$ は速度（km/hで表す）ですので両者の積は仕事能力を表しますが，"トンキロ" と呼ばれています．例えば，200トンキロの $WS$ のタイヤが 80 km/h で走行できる最大荷重は 2.5 t となります．タイヤの温度と使用条件の関係を調べると $WS$ に近似的に比例しています．なおタイヤ温度は当然のことながら外気温の影響も受けるので，$WS$ はラフなメジャーですが，計算しやすくかつわかりやすいので広く利用されています．

# 5. 乗り心地と振動・騒音

　自動車の乗り心地を良くするために，空気入りタイヤは大きな役割を果たしていますが，一方ではタイヤから発生する振動や騒音が乗り心地を損なったり，環境悪化の原因となっていることもあります．乗り心地を左右したり周辺環境に影響を与える原因は振動と音の二つに分けられますが，それぞれがいくつもの現象や要因に分かれます．ここでは，振動と音の発生原因や改善の方向などについて説明します．

## 5.1 ばねとしての機能

　自動車の快適な乗り心地は，かなりの部分が空気入りタイヤのおかげです．タイヤの空気圧を下げると軟らかくなって，乗り心地が良くなり，逆に空気圧を高めると硬くなって，乗り心地が悪くなるのはだれもが経験しているでしょう．軟らかくクッションの効いたソファーと堅い木の椅子では，明らかにソファーのほうが居住性が優れています．軟らかいということは，同じ荷重を載せたとき，よりたわみやすいということで，物理的にいえば，ばねとして"たわみやすい"，すなわちばね定数が小さいということになります．

　乗り心地を改善するために，タイヤの空気圧を下げると，タイヤが荷重を支える能力も下がってしまいます．タイヤの負荷能力は4章で述べたとおり，タイヤの圧力容器としてのボリュームと空気圧で決まります．初期のタイヤはボリュームが小さく，高空気圧で使

用されていましたが，次第に空気圧を下げるためにボリュームを大きくして，乗り心地が改善されてきました（図2.4参照）．乗り心地に関係する上下方向，すなわち荷重を支えるタイヤのばねを，"縦ばね"と呼びます．自動車には，路面の凹凸を吸収する働きをもつものとして，サスペンションがついています．サスペンションもばねで構成されています．例外的にフォークリフトや建設機械のようにサスペンションがなく，路面の凹凸の吸収をすべてタイヤに頼っているものもあります．

ばねで支えられた物体が下からゆすられたとき，下からの振動がどのように伝わるか，モデル的に考えてみましょう．図5.1は単純化するために一つのばねだけを考え，ばねとショックアブソーバーで支えられた物体を表していて，下からゆすられたとします．ばね定数 $k$ のばねと，それに支えられた質量 $m$ の物体からなる振動系には，固有振動数または共振振動数 $f_n$ というものがあり，下からゆする振動がこの固有振動数と一致すると，物体は共振して，振動を抑えるどころか逆に大きくゆれてしまいます．しかし，$f_n$ の約1.4倍以上の入力振動に対しては，振動の伝達を抑えてしまう特性があります．振動伝達抑制の範囲を広くするには，$f_n$ をできるだ

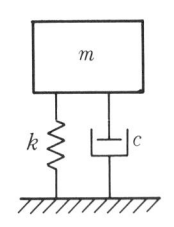

図5.1　ばねとショックアブソーバー各1個で支えられた物体

## 5.1 ばねとしての機能

け下げればよいのです．固有振動数は，ばね定数と質量から (5.1) 式で計算できます．

$$f_n = \frac{1}{2\pi}\sqrt{\frac{k}{m}} \tag{5.1}$$

したがって，ばね定数 $k$ を小さくするか，物体を重く（$m$ を大きく）すればよいわけで，かつてのアメリカ車はこの典型的な例といえるでしょう．軟らかいサスペンションと大きな重いボディーは，ふわふわとした快適な乗り心地を実現していました．また空のトラックがガタガタと跳ね，積み荷を積んだトラックのほうがかえって乗り心地が良いことも説明できます．普通の乗用車のサスペンションの固有振動数は 1～2 Hz で，1.5～3 Hz 以上の振動の伝達を抑えることができます．サスペンションについているショックアブソーバーは，共振したときの振動を吸収してくれますが，図 5.2 に見られるように 1.5～3 Hz 以上の振動の抑制効果を逆に悪くしてしまいます．ショックアブソーバーのへたった車は，共振振動数でゆらゆらゆれてしまうし，ショックアブソーバーの効きすぎの車は，乗り心地が悪く硬くなってしまいます．なお，図 5.1，図 5.3 の c

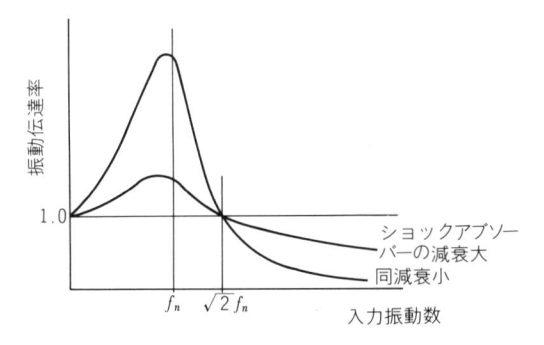

**図 5.2　ショックアブソーバーの減衰大小と振動抑制効果**

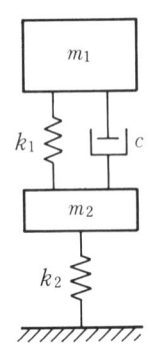

図 5.3　自動車のばね上，ばね下の簡素化モデル

はショックアブソーバーの減衰係数です．

次に，タイヤのばねを含めた実際の車を考えてみましょう．図 5.3 はタイヤとサスペンションをモデル化したものです．このモデルで，サスペンションのばねの上にある車体部分を"ばね上質量 $m_1$"と呼び，慣用語として"ばね上マス"とよくいわれています．タイヤ・ホイール，車軸，サスペンションの下部部分を，"ばね下質量 $m_2$"と呼び，同様に"ばね下マス"といわれています．図 5.3 のモデルでは，二つの共振が現れ，その振動数は (5.1) 式で計算すると次の範囲にあります．

　　　　ばね上共振振動数　$f_1=\sqrt{k_1/m_1}/2\pi$　は　1〜2 Hz
　　　　ばね下共振振動数　$f_2=\sqrt{k_2/m_2}/2\pi$　は　10〜18 Hz

ここで $k_1$, $k_2$ はそれぞれサスペンションとタイヤのばね定数です．ここで路面の凹凸による振動入力に対して車体の振動が，サスペンションやタイヤのばね定数によってどのように変化するかを大まかに説明します．サスペンションのばねを硬くしますと，10 Hz 以下の振動レベルの増加が目立ち，タイヤのばねを硬くしますと 10 Hz

## 5.1 ばねとしての機能

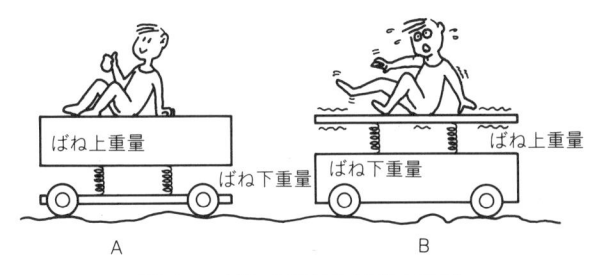

**図 5.4 ばね上重量と乗り心地**[31]

以上で振動レベルが増加します．10 Hz 以下の振動というと"ゆれ"の感じで，10 Hz 以上の振動というと"ゴツゴツという硬い振動"の感じとなります．サスペンションのショックアブソーバーを強めますと，前にもはなしましたとおり，ばね上共振は抑えられますが，全体的にはゴツゴツ感が増してしまいます．質量ではばね下が軽く，ばね上が重いほうが乗り心地が良くなります（図 5.4）．凹凸のある道を通過するとき，ばね下がゆれてもばね上がゆれずに走っているのが最良の状態です．

これまではなしてきましたタイヤのばね定数は，縦（上下）方向のばね定数で，"縦ばね定数"といいます．タイヤは各方向に対して，ばねと考えることができ，縦ばねのほかに横ばね，前後ばね，ねじりばねがあります．自動車の振動乗り心地には，縦ばね定数の影響が大きく，操縦安定性には横ばね定数が大きく影響します．

縦ばね定数は，非転動状態でタイヤに荷重を徐々に負荷していき，そのときのたわみで荷重を割った値です．徐々に負荷していくことで，静ばね定数といえるものです．縦ばね定数はタイヤの種類，サイズ，空気圧によって変わり，先に述べたように空気圧を増すと大きくなります．ラジアルタイヤはバイアスタイヤに比べてサイドウォールが軟らかく，硬いベルトは大きな変形はせずに偏芯してしま

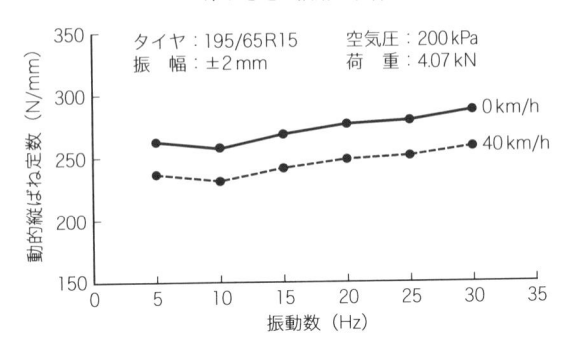

図5.5 動的縦ばね定数の非転動時と転動時の比較

うため，縦ばね定数は小さ目となります．おおよその値は乗用車ラジアルタイヤで150〜200 N/mm，トラック・バス用ラジアルタイヤで700〜1 000 N/mm程度です．実際に車が路面のうねりや凹凸の上をある程度の車速で走行するときは，タイヤが転動するのはもちろん，タイヤへの負荷変動は動的になり，タイヤが粘弾性体ですから，ばねとしての特性も静的なものと異なってきます．図5.5は非転動状態と転動状態で，動的な縦ばね定数の測定結果の例です．動的な縦ばね定数とは荷重のかかり方が徐々（すなわち静的）ではなく，変動的な状態の場合で，荷重を負荷する速さ（加振振動数）を増加すると，縦ばね定数は増大し，タイヤが転動し始めると，やや減少します．しかし，静的な縦ばね定数と転動時の動的な縦ばね定数の間の相関は良く絶対値の差もわずかですから，静的な縦ばね定数で乗り心地の良否を議論して構いません．

## 5.2 ハーシュネス（harshness）

前節でラジアルタイヤは，バイアスタイヤに比べて縦ばね定数が

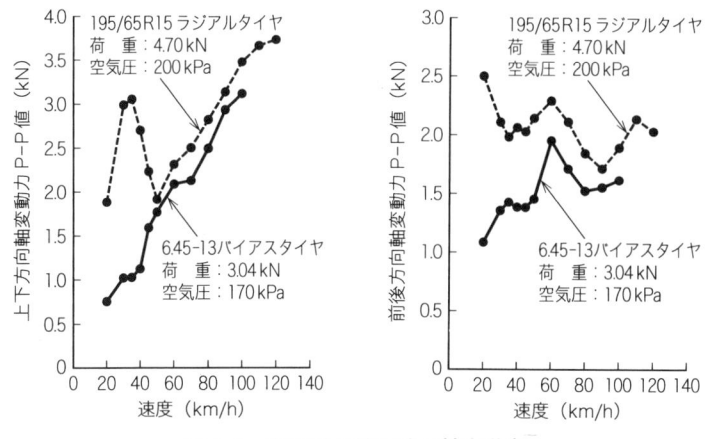

**図 5.6 突起乗り越し時の軸変動力**

小さいといいました．すなわち乗り心地が良いといえるはずです．しかし過去にバイアスタイヤからラジアルタイヤに履き換えたとき，乗り心地が悪くなったと感じた経験をおもちの方が多いと思います．ラジアルタイヤは高速道路など良路では確かに乗り心地は良いのですが，路面の継ぎ目や小突起を乗り越すときの衝撃は大きくなります．図5.6は室内試験のデータで，タイヤが突起を乗り越したときにタイヤの軸にどのような衝撃力が入るかを測定したもので，ラジアルタイヤは剛性の高いベルトがあるため，突起を包み込む能力（これを"エンベロッピングパワー"といいます．）が劣り，バイアスタイヤに比べてタイヤの軸に伝わる衝撃力が大きくなります．このタイヤ軸への衝撃力は，自動車のサスペンションを伝わり，振動と衝撃音となって乗員に不快感を与えます．この現象は"ハーシュネス"と呼ばれ，"ドン"とか"ガーン"という感じの振動と衝撃音です．高速道路の継ぎ目を乗り越すときには"パカッ""パカッ"と前輪タイヤが乗り越すときと，後輪タイヤが乗り越すときの

連続した二つの音として聞こえます．

ところで図5.6では，ラジアルタイヤの上下（荷重）方向の軸力変動は約 40 km/h で，前後方向の軸力変動は約 35 km/h で非常に大きくなっています．これは突起がタイヤの接地面を通過するとき生じるタイヤの軸力変動は，車が低速のときは低振動数で，車の速度が増加するにつれ振動数も増加し，この入力振動数がタイヤの弾性振動の固有振動数と共振する速度に達したとき，非常に大きくなるためです．ハーシュネスとは突起がタイヤの接地面を通過したとき生じた入力で，タイヤがちょうど太鼓をたたいたように振動することが原因となっているわけです．タイヤの弾性振動とは，まさにタイヤ自身が太鼓のように振動することです．空気を張ったタイヤをハンマで強くたたいてみましょう．このとき生じる"ドン""ドン"という音は，まさにハーシュネスの音そのものです．タイヤのトレッドの表面に小さな振動ピックアップを貼りつけて，ハンマでたたき，振動ピックアップの信号を周波数分析してみますと，図5.7のようなデータが得られ，タイヤがどのように振動しているかがわかります．この図に現れたいくつかのピークは，それぞれタイ

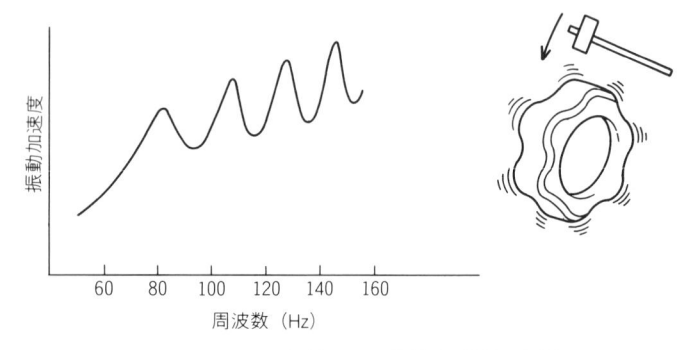

図5.7 ハンマ打撃による固有振動数の測定

ヤの1次，2次，3次…の上下方向固有振動です．乗用車用ラジアルタイヤの上下1次固有振動数は約 80 Hz で，図 5.8 ( a ) のようにタイヤをモデル化したときの振動です．ラジアルタイヤの固いベルトのたがは軸に対して偏芯して振動します．前後方向は簡単にいえば，タイヤのよじり弾性振動で，図 5.8 ( b ) のようにタイヤをモデル化したときの振動で，約 40 Hz 付近にあります．ラジアルタイヤはサイドウォールの軟らかいばねと，硬くがっしりとした重いベルトのため，上下・前後とも固有振動数はバイアスタイヤに比べて低く，常用速度域の 35～40 km/h で共振が生じてしまいます．一般にラジアルタイヤでは，偏平なほどベルト剛性が高く，ハーシュネスには不利です．また空気圧も高いほうが悪くなります．

ハーシュネスの車内音を分析すると，先の 40 Hz と 80 Hz の音が主体となっていることと，タイヤの弾性振動が原因ということがわかります．自動車の振動と音を考えたとき，振動と音は同時に発生していますが，一般に人間は 20 Hz 以下を振動だけ，20～200 Hz を振動と音，200 Hz 以上を音だけと感じているようです．ハーシュネスは 40 Hz と 80 Hz の音を主体とした約 30～100 Hz の振

（a）　　　　　　（b）

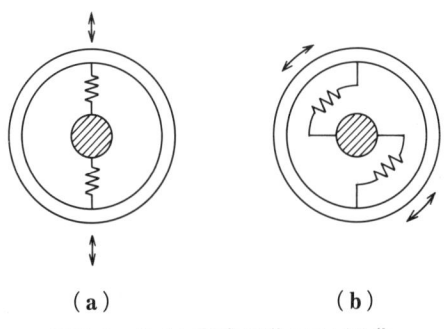

**図 5.8　タイヤ固有振動のモデル化**

動を伴う車内音です．

ラジアルタイヤのハーシュネスの悪さは，自動車のサスペンションの改良で改善されてきています．ゴムブッシュを多用して，問題となる振動数領域の振動伝達を遮断し，しかも操縦安定性を損なわないように，上下，前後には軟らかく，横方向には硬い異方性のブッシュなどが採用されて，近年の乗用車はラジアルタイヤの乗り心地が劣るという欠点を十分カバーしているといえるでしょう．

## 5.3　ロードノイズ

荒れた舗装路を走るとき，"ゴー"とか"ザー"という車内にこもる耳ざわりな音が気になります．特に，滑らかな路面から粗い路面に入ったときに感じやすい音です．この音は"ロードノイズ"と呼ばれています．音の成分は100〜500 Hzで，路面の微小な凹凸によって加振されたタイヤの弾性振動（図5.9）がサスペンションを伝わり，車体の天井や床等を振動させ，車内音となるものです．ロードノイズはラジアルタイヤのほうがバイアスタイヤに比べかなり小さいのですが，最近の自動車は燃料消費を低減するため，車自体の軽量化が進み，天井や床が薄くて振動しやすくなっています．またタイヤ自体も，転がり抵抗を減らすために，タイヤの肉厚を薄くし，ロスが小さいゴムを使うので，タイヤ全体として振動吸収性

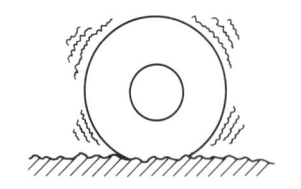

**図5.9　ロードノイズのタイヤ振動**

が劣る傾向になっています．この両方でロードノイズには不利になりつつありますので，低燃費で，かつロードノイズの静かなタイヤの開発にしのぎが削られています．ロードノイズ低減には，ベルトの剛性を上げる方向がよいのですが，この対策は前節のハーシュネスを悪くしてしまいます．100 Hz 付近を境にして，タイヤの振動騒音の対策が逆というのも困ったものです．トレッドのゴム厚は，厚いほうがロードノイズを低減します．厚い軟らかいトレッドゴムはハーシュネスにも効果があります．厚いゴムが振動をよく吸収するからです．したがって，摩耗したタイヤはロードノイズがうるさくなります．

　最近になってロードノイズはベルトの主としてショルダー部が微振動することによって発生する事がわかってきました．この振動を抑えるには伸びにくい繊維のキャッププライをベルトの上にかぶせればよいわけですが，スチールやアラミドは製造上の制約があります．それは，生タイヤを金型（モールド）に入れて加硫するとき，生タイヤを少しは膨張させ，モールドに押しつけてトレッドの模様や文字等を刻み込む必要がありますが，周方向に締め付けているキャッププライがスチールやアラミドですとほとんど伸びてくれませんので製造が困難になります．

　新素材"PEN"（ポリエチレン・ナフタレート）は常温やタイヤの使用温度域では伸びにくく，加硫温度では伸びやすいという特性がありますので，これをキャッププライに使用することで製造上の問題をクリアし，キャッププライ構造による高い高速安定性・高速耐久性に加え，素材の持つ"高弾性"の効果でロードノイズの発生を抑え，静かなタイヤを提供することができるようになりました．図 5.10 はこの技術の説明図です．PEN の材料コストはまだかなり高いため現在では高級車用の一部のタイヤにしか使われていません

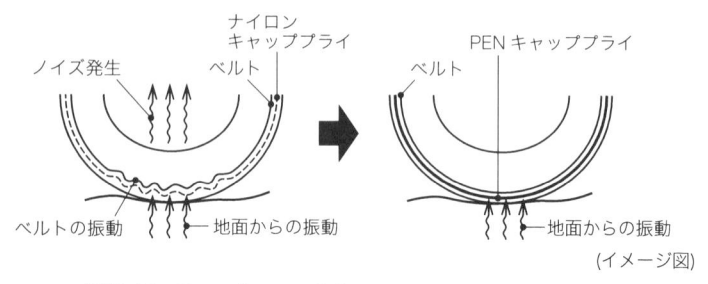

**図5.10 PENキャッププライによるロードノイズ低減**

が，写真フィルム，ボトル，磁気テープ等の使用が増えれば価格も下がり，タイヤへの使用範囲が徐々に拡大していくと思われます．

自動車側の対策は，サスペンションブッシュによる振動の遮断，制振材や吸音材を振動するパネルに貼りつけることなどがあります．一言でいえば，高級車は静かということでしょう．

## 5.4 タイヤのユニフォーミティ

タイヤは完全な真円で，各方向（上下，左右，前後）のばね定数も周上で均一に分布し，かつ肉厚（ゲージ）も均一であることが望ましいのは当然です．しかし，タイヤの材料と構造，加えて製造工程の複雑さから，完全に均一なタイヤをつくることは至難の業です．タイヤの寸法，剛性，重量の不均一性を，ノンユニフォーミティといい，普通はユニフォーミティが悪いといっています．ユニフォーミティの悪いタイヤは，結果的に車体をゆする力を発生することになります．

### ユニフォーミティの測定

ユニフォーミティの善し悪しは，図5.11のように測定していま

5.4 タイヤのユニフォーミティ

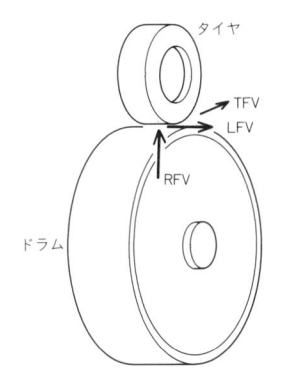

**図5.11 ユニフォーミティの測定**

す．回転するドラム（路面に相当します）にタイヤを押しつけ荷重を負荷し，タイヤとドラムの軸間隔を固定した状態でタイヤが1回転したときの半径方向（荷重方向），横方向，前後方向の力の変動を読み取ります．これらの力の変動は，それぞれ "RFV, LFV, TFV" と呼ばれています．また寸法的な不均一性は，半径方向を "RR"，横方向を "LR" と呼び，変位計を回転するタイヤのトレッドまたはサイドウォールに押しつけて測定します．これらの略号はそれぞれ次のとおりです．

　　　　RFV：Radial Force Variation
　　　　LFV：Lateral Force Variation
　　　　TFV：Tangential（または Tractive）Force Variation
　　　　RR：Radial Runout
　　　　LR：Lateral Runout

タイヤの周上で外側に出っ張っているところはよけいに力を発生しますので，RFVとRRには比較的相関があります．タイヤをリムに組みつけた状態でのRFV, LFV等には，当然リムの振れ分も

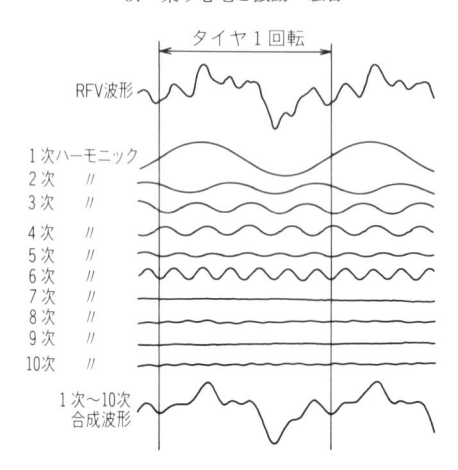

**図 5.12　FV 波形のフーリエ解析例**[32]

加算されてきます．これを逆に利用して，リムの振れの凹部とタイヤの RFV の凸部を位相合わせして組みつけ，トータルのユニフォーミティを改善するリムの組み方があります（これは RFV マッチング組みつけといわれています．）．

　RFV, VFV 等の波形 1 回転分をフーリエ解析すると，図 5.12 のように 1 回転に 1 サイクルを描く 1 次成分，2 サイクルを描く 2 次成分，以下 3, 4, 5 次，…と分解することができます．フーリエ解析とは，周期的なランダム波形は単純な Sin 波形（サインカーブ）の重ね合わせで表せるという原理を用いたものです．

### ユニフォーミティ不良による振動と騒音

　RVF や LFV の 1 次成分の大きなタイヤが転動すると，タイヤ 1 回転に 1 回の振動で車体が加振されます．特に，この加振入力がばね下共振点や，エンジンブロックの上下共振点（エンジンもエン

ジンマウントというゴムのばねで支えられていますので,共振点をもっています.)と同一振動数になる速度で車体が大きくゆれてしまいます.この現象は"シェイク"と呼ばれています.ばね下共振を 12 Hz として,例えば,タイヤの動的負荷半径 280 mm の RFV の大きなタイヤで走行したとき,速度約 76 km/h(このとき,タイヤは 1 秒間に 12 回転していますので,12 Hz の加振入力となります.)でダッシュボードやステアリングホイール等が上下にゆれてしまうことになります.同じ現象はタイヤの静バランスが悪いときにも生じます.リム組みされた状態で,静バランスが悪いとタイヤ 1 回転に 1 回の振動が発生し,シェイクを起こします.また LFV の 1 次成分が大きなタイヤでは,"ラテラルシェイク"といって車体が左右にゆれる現象が起こります.

ユニフォーミティの波形に,図 5.13 のように局部的なピークがあるときも同様に,1 回転に 1 回の衝撃力で車体は加振され,同時に打音が感じられます.これは"サンプ(thump)"と呼ばれています.長時間駐車しておくと,タイヤの接地部がくぼんで,変形がもとに戻らない状態となり,変形が回復するまでの間,シェイクやサンプを感じます.この現象を"フラットスポット"といい,特にナイロンコードを使用したバイアスタイヤに出やすく,ひどい振動に悩まされることが多かったのですが,ラジアルタイヤはフラットスポットを生じにくいので,最近のドライバーはこのような経験をおもちではないかもしれません.また急ブレーキで車輪をロックさ

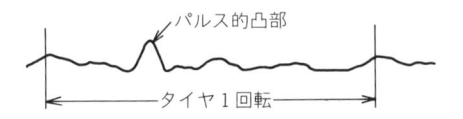

**図 5.13 パルス的凸部のあるタイヤの RFV 波形**[33)]

せて制動してしまったとき，タイヤが一部分だけ摩耗しサンプの原因になります．

タイヤ1回転に1回の入力が前後方向に入ると，ばね下が前後にゆすられ，ばね下に連結されたタイロッドが左右に振動し，ステアリングホイール が 5～15 Hz で回転方向に"ガタガタ"とビビリ振動します．この現象は"シミー"または"フラッター"と呼ばれています．同じ現象は，リム組みされたタイヤの動バランスが悪いときにも生じます．静バランスが悪いときには，シェイクが生じることを思い出して下さい（図5.14）．RFV もシミーの原因となることがあります．タイヤのユニフォーミティや動バランス不良によるシミーは，比較的高速で発生することから，"高速シミー"と呼ばれています．またシミーは自動車のステアリング系にガタがあると，極端にひどくなります．

ユニフォーミティの $n$ 次成分が大きいと，タイヤ1回転に $n$ 回の振動が入ってきます．ユニフォーミティの高次成分による車体の振動や車内音は，"ラフネス"と呼ばれています．高い振動数領域でも，車両にはいろいろな共振系が存在し，タイヤ自身も種々の振動の共振点をもっていますので，ある特定の速度で車両の振動や車

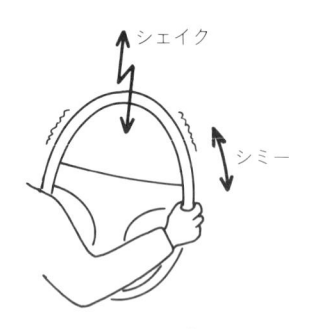

図5.14 ステアリングホイールの振動

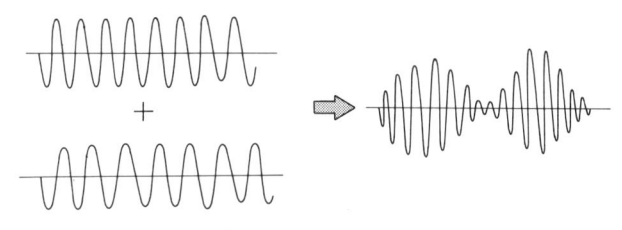

**図5.15 ビート音**

内音が特に目立ってしまうことがあります．サスペンション部材との共振によるこもり音，エンジントルク変動とからまるビート音等もその例です．ビート音とは，振動数の近い二つの音が合成されて，うなりを生じる現象で（図5.15），音の感じは"ウォーン""ウォーン""ウォーン"というものです．

ユニフォーミティの修正，改善法として，先に述べましたRFVマッチング組みつけのほかに，グラインダによりタイヤの振れを修正する方法があります．タイヤの振れの凸部を削り，RFVを低減する方法です．リム組み後のバランスチェックは，静バランス，動バランスとも確実に実施して下さい．また車両の振動が悪いとき，まずバランスをチェックすることをおすすめします．

## 5.5 タイヤ道路騒音

ハーシュネスやロードノイズといった車内騒音は，路面の凹凸で引き起こされたタイヤの弾性振動が，サスペンションを伝わって車内で音となるもので，固体伝ぱの騒音です．一方，もっと周波数の高いパターンノイズは，タイヤから出た音が空気を伝わって車室内に入ってくるもので空気伝ぱの騒音です．窓を開けて走っているとき，特に道路の側にガードレールなどの音の反射板があると，タイ

ヤから出た空気伝ぱ音が耳につきます。ガードレールに切れ目があると、そこで急に音が下がり、反射音有無を明瞭に感じます。タイヤ道路騒音（以下省略して"タイヤ騒音"といいます。）とはパターンノイズを含め、タイヤから空気伝ぱで伝わってくる音で、車の乗員に不快感を与える車内騒音と同時に車外騒音、すなわち環境騒音（交通騒音公害）の一因としての問題となっています。特に近年、自動車騒音公害の低減は社会問題として厳しく要求されています。

### 自動車騒音，タイヤ騒音の測定方法

　道路交通騒音はある道路沿いの地点での騒音の総量といったもので、個々の自動車の出す騒音、交通量、道路環境などが影響します。自動車騒音は1台の自動車から発生する車外騒音で、国の自動車騒音規制は車両の運転状態により、加速走行騒音、定常走行騒音、排気騒音の3種類に分けて実施されています。排気騒音では車は止まっているので、タイヤから出る音はありません。

　加速走行騒音と定常走行騒音は、車両側方に置かれたマイクロホン（加速騒音では車両中心より横に7.5 m、定常騒音では7.0 m、高さはいずれも1.2 m）の前をフル加速状態、または定常走行状態で通過したときの騒音の最大値を測るものです。当然ながら、加速走行騒音では車のエンジンから出る音が支配的ですが、タイヤと道路の接触から出る音もかなり大きく、その寄与率は、乗用車の場合で約30%、大型車（トラック・バス）の場合、約10%程度です。一方、定常走行騒音では、タイヤから出る音の寄与率は、40〜80 km/hの速度領域で、乗用車の場合70〜80%、大型車の場合50〜70%とずっと大きくなってしまいます。

　タイヤ騒音の測定は、車両騒音測定と同じマイクロホン位置で、自動車のエンジンを切り、マイクロホン前を惰行させて騒音を測定

するもので,"実車惰行試験"と呼ばれています．車体の風切り音と車両回転部からの音も多少含まれていますが,タイヤ騒音が主体といえます．また室内でタイヤ単体を回転するドラムの上に荷重をかけて押しつけ,タイヤの側方 1 m,ドラム面からの高さ 0.25 m にマイクロホンを置いて騒音を測るタイヤ単体台上試験もあります．

**タイヤ騒音の発生機構**

では,タイヤ騒音はどのようにして発生してくるのか,発生機構についてはなしを進めましょう．タイヤから出る音は,おおむね三つの要素からなっています(トレッドパターンの種類は,図 6.6 参照).

第1は,タイヤのトレッド表面に刻まれたパターンの溝が,接地部分に踏み込んだとき空気を圧縮し,接地部分から離れるとき放出する,いわゆるポンプ作用によって発生する音で,"パターンエアポンピング音"と呼ばれています．この音の周波数は接地部分の溝の長さに依存しており,走行速度によらずほぼ一定です．図 5.16 のようにラグパターンのタイヤはラグ溝がつくる気柱にできる定常波,リブパターンのタイヤでは縦溝がつくる気柱にできる定常波が,ちょうど管楽器と同じように一定の周波数の音を出します．乗用車用リブタイヤでは約 1 kHz を中心とした音になっています．

第2の音は,タイヤのトレッドパターンの不連続部分が接地するとき路面に衝突して,その衝撃力によってタイヤが振動し音を放射するもので,"パターン加振音"と呼ばれています．音の放射はタイヤのサイドウォールやトレッド表面が振動板となって,ちょうどスピーカの役目をしています．一般的にラグやブロックパターンのように回転方向に対してほぼ直角な溝を有するタイヤは,このパターン加振音が大きくなります．この音はタイヤ1周に $n$ 個のパタ

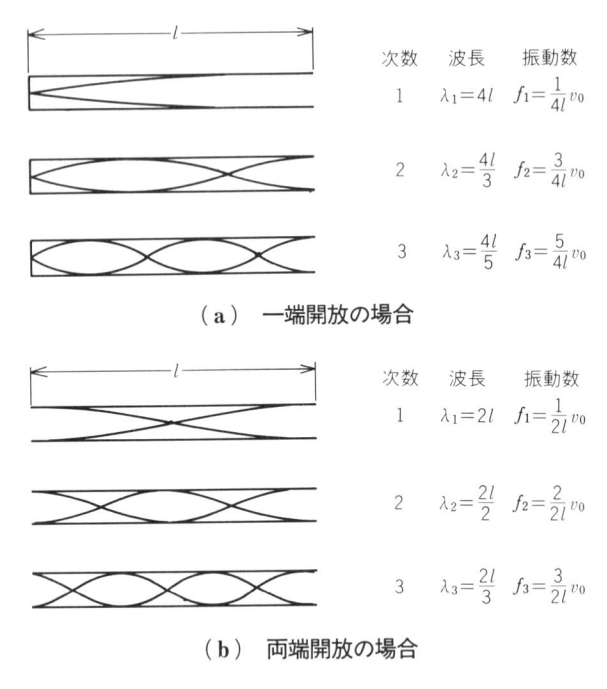

|次数|波長|振動数|
|---|---|---|
|1|$\lambda_1=4l$|$f_1=\dfrac{1}{4l}v_0$|
|2|$\lambda_2=\dfrac{4l}{3}$|$f_2=\dfrac{3}{4l}v_0$|
|3|$\lambda_3=\dfrac{4l}{5}$|$f_3=\dfrac{5}{4l}v_0$|

(a) 一端開放の場合

|次数|波長|振動数|
|---|---|---|
|1|$\lambda_1=2l$|$f_1=\dfrac{1}{2l}v_0$|
|2|$\lambda_2=\dfrac{2l}{2}$|$f_2=\dfrac{2}{2l}v_0$|
|3|$\lambda_3=\dfrac{2l}{3}$|$f_3=\dfrac{3}{2l}v_0$|

(b) 両端開放の場合

図 5.16 気柱振動[34]

ーンピッチがあれば,

$$f=vn/2\pi r \tag{5.2}$$

の周波数の音となり,速度が高くなるとそれに比例して高周波の音になっていきます.ここで,$v$ は走行速度,$r$ はタイヤの動的負荷半径です.トレッドパターンを刻むとき,ピッチバリエーションという技法が採用され,音の周波数を分散させて耳につきにくいように工夫されています.乗用車用タイヤのパターンをじっくり観察してみて下さい.パターンの模様は同じものが繰り返されて刻まれて

いますが，大きさの異なる3種ほどのピッチがほぼランダムに周方向に配列されています．第1の音，第2の音は，ともにトレッド表面に刻まれたパターンを発生源としているので，通常"パターンノイズ"とも呼ばれています．ではパターンのないスムーズタイヤは，全く音を出さないかというとそうではありません．

　第3の音は，スムーズタイヤからでも出る音で，接地摩擦音，路面の凹凸によりタイヤが加振されて出る音，路面の凹部がエアポンピング作用を受けて発生する音などがあります．以上の音源をまとめると，図5.17のように整理できます．

　これらの音源のタイヤ騒音全体に対する寄与度は，タイヤの種類，サイズ，トレッドパターン，走行速度などで異なります．例えばトラック・バス用バイアスラグタイヤでは，パターンエアポンピング音が速度によらず約30%を占め，パターン加振音が速度とともにその寄与率が増加し，速度80 km/hでは40%以上となり，パターンに起因する音の合計は全体の80%をも占めるようになります．夜間，高速で走るラグタイヤをつけた大型トラックから出る音が，

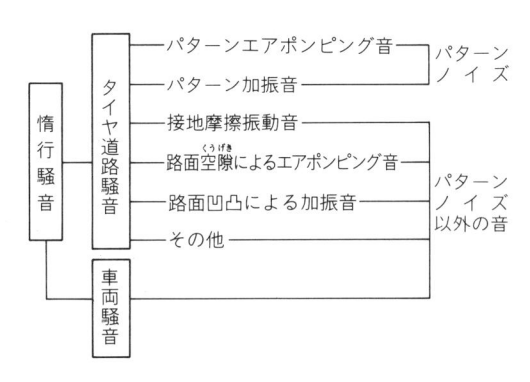

**図5.17　タイヤ道路騒音の発生源**[35]

いわゆるパターンノイズの独特な,かん高い音として耳につくのはこのためです.トラック・バス用ラジアルリブタイヤの場合は,エアポンピング音が20～30%,パターン加振音が5～20%を占め,その他の音の占める割合が大きいのです.乗用車用ラジアルリブタイヤも,傾向はトラック・バス用ラジアルリブタイヤに似ていますが,パターンに起因する音の合計割合は50～60%で,トラック・バス用ラジアルリブタイヤよりも大きくなっています.

**タイヤの種類と騒音レベル**
**(1) トラック・バス用タイヤ**

速度80 km/hのときの実車惰行試験で測定した例を図5.17に示します.リブパターンがラグパターンより,ラジアルがバイアスより静かです.騒音レベルはdB(A)("デシベルA"といいます.)という単位で表されますが,これは音,すなわち空気の圧力変動の大きさ(振幅)の基準値との比を対数表示したもので,対数表示のため,例えば同じレベルの音を二つ加えると,3 dB大きくなります.(A)というのは人間の耳の周波数特性に近いフィルタ(A特性)を通していることを表しています.さて,バイアスラグタイヤ装着のトラック1台[約85 dB(A)]は,ラジアルリブタイヤ装着

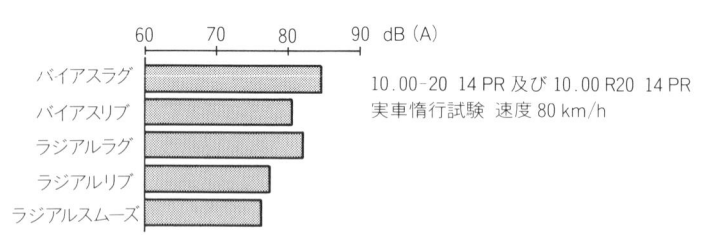

図5.18 トラック・バス用タイヤの騒音レベルの例[36]

のトラック［約78 dB(A)］約5台分の騒音を出していることになります．また音源が遠くなると静かになり，距離が2倍になると騒音レベルは1/4になって，6 dB減少しますから，ラジアルリブタイヤの騒音は，バイアスラグタイヤを約2.2倍離れて聞いたときと同じレベルです．dB表示ではわずかな差であっても，その差は意外と大きいものです．図5.18にはスムーズタイヤも加えていますが，このあたりがタイヤとしての騒音低減の限界ともいえるでしょう．

### （2） 乗用車用タイヤ

同じく80 km/hのときの実車惰行試験で測定した例を図5.19に示します．バイアスのスノータイヤは極端に騒音レベルが大きく，バイアスリブ，ラジアルブロック，ラジアルリブの順に静かになります．ほぼタイヤ外径を同一にした互換サイズで，偏平化の影響を調べてみますと，基準の80シリーズに対し，70，60及び50シリーズタイヤはそれぞれ順に0.9～1.6 dB(A)ずつ騒音レベルが高くなっています．偏平タイヤは運動性能に優れたタイヤではありますが，騒音が大きくなるという欠点ももっています．

デシベルの計算をすると，トラックと乗用車を比較したとき，ともにラジアルリブタイヤを装着した場合で，トラック1台［約78 dB(A)］は乗用車［約71 dB(A)］約5台分の騒音を出していること

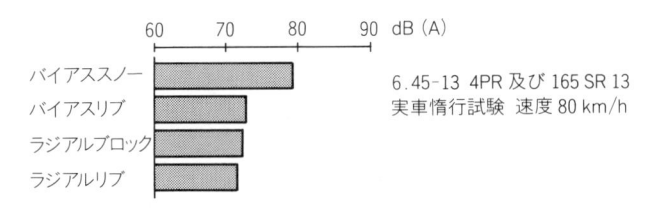

**図5.19 乗用車用タイヤの騒音レベルの例**[37]

とになり，バイアスラグタイヤ装着のトラック1台はラジアルリブタイヤ装着の乗用車のなんと25台分の騒音に匹敵することになります．

### 使用条件や走行条件とタイヤ騒音

タイヤ騒音は走行速度とともに増加します．図5.20に例を示します．一般に騒音レベルは速度$v$の対数に比例して増加しますので，

$$騒音レベル\ [dB(A)] = k_1 \log v + k_2 \quad (5.3)$$

で表せます．速度こう配$k_1$はタイヤの種類によって変わります．それは騒音の発生源の寄与度がタイヤの種類によって異なり，それぞれの発生源自体の速度依存性が異なるためです．トラック・バス用タイヤではラグタイヤがリブタイヤより速度依存性が大きいことが，図からわかります．

荷重，空気圧の影響はリブタイヤに対してはあまりありません．しかしラグタイヤは荷重の増加で騒音は増加し，空気圧の低下で増加します．荷重の増加や空気圧の低下で，タイヤ接地面の接地圧分

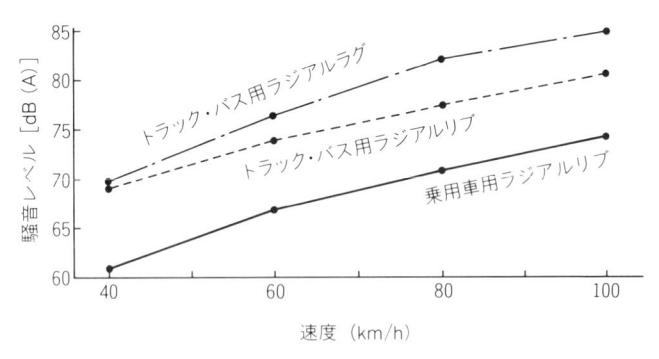

**図5.20 タイヤ騒音の速度依存性**（実車惰行試験）[38]

## 5.5 タイヤ道路騒音

布がラグのあるショルダ部分寄りに移行し，ラグが路面に衝突する力が増すためと考えられます．

タイヤ騒音の発生機構を考えるとき，摩耗によって静かになる要素と，うるさくなる要素が考えられます．極端な場合，摩耗によってパターンが完全にすり減ってスムーズタイヤと同じになってしまえば，パターンノイズはなくなってしまいます．完全摩耗に至る途中では，パターンの溝ボリュームが減少し，エアポンピング音は減少しますが，パターン加振音は摩耗によりゴムの厚さが減少した分，衝撃力の吸収が弱まり，結果的にパターン加振音が増加します．もし，パターンのラグやブロック成分に，いわゆるのこ刃状のヒール・アンド・トウ摩耗といった偏摩耗が発生していれば，パターンエッジが路面にあたるときの衝撃力はかなり大きくなり，パターン加振音はさらに増大するでしょう．ですから摩耗して騒音がどうなるかは一概にはいいにくい状況です．

タイヤ騒音はタイヤと道路との接触が発生の原因ですから，当然ながら道路表面，構造などの影響を受けます．概して，路面が粗いほうが騒音は大きいのはみなさんも体験からうなずけるところでしょう．最近，道路表面の排水を良くするためのポーラス状のアスファルト舗装が騒音の面からも注目されています．ポーラスの小孔が音を吸収してしまうためで，その効果は意外に大きいからです．

以上のような騒音のほかに，激しいコーナリング，ブレーキング，急発進のときタイヤが"キー"と鳴きます．これは"スキール(squeal)"と呼ばれ，タイヤ表面のパターンブロックが高い振動数で振動し発生する音です．

以上のように，タイヤが原因となる振動，騒音もいろいろとありますが，もし空気入りタイヤがなくて，昔の馬車のように鉄の輪を用いたとしたら，どんなに振動と騒音が大きいかは容易に想像がつ

くでしょう．タイヤを使用した地下鉄がありますが，鉄輪の地下鉄と比べればはるかに静かで，このような事例から空気入りゴムタイヤの効果を認めていただけると思います．

# 6. 路面に力を伝える

タイヤの働きのうちで最も重要なものの一つに制動力・駆動力及び横向きの力を路面に伝える機能があります．これらの力はタイヤと路面の間で発生する摩擦力によって伝達されるわけですから，本章ではこの摩擦力を取り上げて，ゴムの特異性や氷雪路の問題など現実の問題への対応についておはなしします．

また摩擦係数の大小と裏腹の関係に近い転がり抵抗についてもふれることにします．

## 6.1 摩擦力発生機構——ゴムの特殊性

二つの固体が接触しているときに片方を動かそうとすると，接触していることが原因となって抵抗が生じます．この抵抗を摩擦力といい，古くから人間はこの摩擦を利用したり，摩擦を減らす工夫をしてきました．よく古代エジプトの奴隷がピラミッドの建設のときに重い石を引いている絵図を見ますが，摩擦力を上回る力で引っ張らないと石は動きません．もちろん当時の人も石の下にころを敷くなどして摩擦力を減らす努力をしました．

摩擦というものはさまざまな現象の観察を通して，経験的に次のようにまとめられており，"クーロンの摩擦法則"と呼ばれています．

① 摩擦力は垂直荷重に比例する．
② 摩擦力は見掛けの接触面積に依存しない．

③ 摩擦力は相対速度の大小に依存しない.

これを要約していえば,摩擦力というのは表面状態だけに依存しているということです.クーロンの摩擦法則のうち,①についてはその比例定数を"摩擦係数"と呼び,摩擦力の大きさの程度を表すときにはこの摩擦係数 ($\mu$) を使うのが普通で,次の式で表されます.

$$F = \mu W \tag{6.1}$$

ここで $W$ は垂直荷重,$F$ は摩擦力で,先のピラミッドの例でいえば $W$ は石の重さであり,$F$ はその石を引っ張るのに抵抗する力,その比が摩擦係数です.このクーロンの摩擦法則は金属,石やプラスチックのようにほぼ剛体と見なされる場合には成立するケースが多いのですが,ゴムのように弾性を示す材料ではクーロンの摩擦法則に従わないケースがほとんどであり,その挙動は大変に複雑です.例えばゴムの場合は接触面積が同一で,荷重が増加すると図6.1のように摩擦係数は減少しますし,荷重が変わらずに接触面積

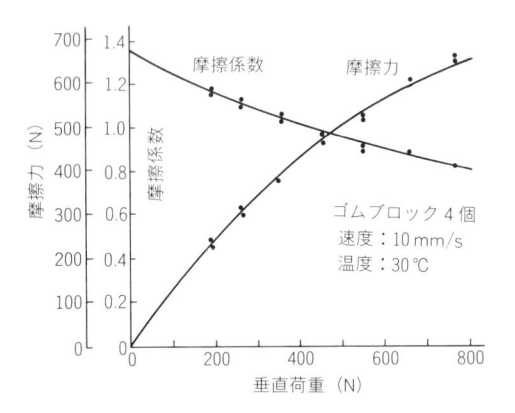

**図 6.1 摩擦係数の荷重による変化**[39]

が増加しますと摩擦係数は大きくなります.また図 6.2,図 6.3 に示してあるように,摩擦係数は滑り速度や温度にも大きな影響を受けます.そして幸いなことに,ゴムは他の材料に比べて摩擦係数が

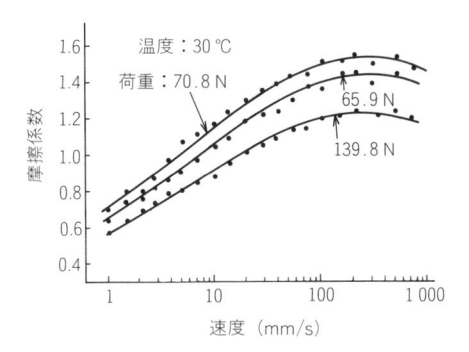

**図 6.2　ゴムブロックの摩擦の荷重と滑り速度による変化**[40]

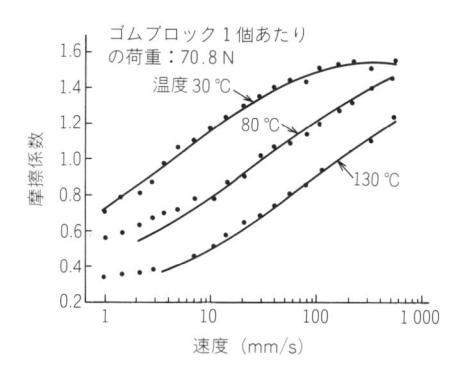

**図 6.3　ゴムブロックの摩擦の温度と滑り速度による変化**[41]

大きく，非常に高い摩擦力が得られ，制動力・駆動力が優れたタイヤをつくることができます．具体的には床の上に置いた鉄のもっている摩擦係数に比べると，ゴムの摩擦係数は5倍も高いのです．

最近のモノレール，新交通システムや地下鉄などの近距離輸送には，ゴムタイヤが鉄輪の代わりに使われるというケースが増えてきました．これはなぜかというと，ゴムタイヤが鉄輪に比べて摩擦力が高いので，加速・減速を大きくとることができ，短い区間を高速運転するのに有利なためです．また，鉄輪より急こう配の路線建設が可能となり，都市部で上下水道，鉄道，道路，建物などの既存構造物を避けて線路を通す必要があるときには，ゴムタイヤ式電車にすると建設費を大幅に削減できます．また，当然ゴムタイヤは鉄輪に比較すると，乗り心地が優れている，振動が少ない，静かであるという利点もあります．ただ鉄輪より転がり抵抗が大きいので，消費電力が大きいという不利な点もありますが，トータルの維持費はタイヤのほうが安くてすむといわれています．

さて，どうしてゴムがほかの材料に比べて摩擦係数が高いかということについて考えてみましょう．まずゴムのブロックをコンクリートやアスファルトなどの路面の上に押しつけてみます．すると表面が凸凹しているために弾性のあるゴムはその表面のすき間を埋めるように変形して食い込んでいきます（図6.4）．これを水平に動かそうとすると，ゴムが表面の凸凹に食い込んでいるためになかなか動きません．もっと大きな力を加えると食い込んでいるゴムが変形していき，ある限界を超えるとゴム片は動き出します．この限界の力を"静摩擦力"と呼び，以後を"動摩擦"といいます．この動摩擦時に注意していただきたいのは，ゴムは絶えず路面の凹凸に追従して変形を繰り返していること，及びゴムのブロック自体も力が加わることにより変形しているという事実です．ゴムを変形させる

## 6.1 摩擦力発生機構

$$F = F_A + F_H$$

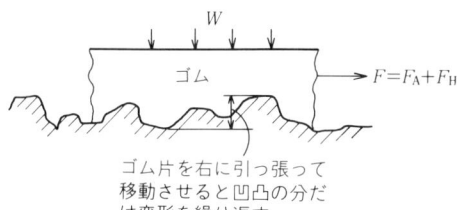

ゴム片を右に引っ張って移動させると凹凸の分だけ変形を繰り返す．

**図6.4　ゴムの摩擦**

とエネルギーが貯えられますが，これが戻るときにはゴム内部で分子―分子間の摩擦によりいくらかのエネルギーを失い，熱として消費されます．このときのエネルギー損失を"ヒステリシスロス (hysteresis loss)"，あるいは単に"ロス"と呼びます．摩擦時にはゴムは繰り返し変形しますので，ロスが次々と発生し，これが摩擦仕事となり，それに対応する摩擦力が境界面に働きます．これを"ヒステリシス摩擦 $F_H$"といいます．また一方では二つの物体の接触面では分子間引力による凝着力が働いていて滑りに抵抗します．これを"凝着 (adhesion) 摩擦 $F_A$"といい，トータルの摩擦力 $F$，あるいは摩擦係数 $\mu$ は各々の摩擦の和として下の式のように表わせます．

$$\begin{aligned} F &= F_A + F_H \\ \mu &= \mu_A + \mu_H \end{aligned} \quad (6.2)$$

ここで，$F_H$ や $\mu_H$ はゴムのように変形してロスを発生する材料に特有のもので，ゴムが高い摩擦力を示す最大の理由がこれなのです．

また当然のことながら以上のおはなしからすれば，摩擦力は路面の平滑度，小さい石ころ，砂などのころの有無や路面のぬれなどに大きく左右されます．摩擦係数でいえば，乾いた通常の舗装路であれば $\mu = 0.7 \sim 1.0$，未舗装路では 0.5，車線を示すペイントのよう

に非常に滑らかな面になると,0.4くらいです.ぬれた路面ではその水深にもよりますが,0.3から0.6の範囲にあり,凍った路面になると0.1〜0.2になります.特に0℃付近のいわゆるウエットアイスになると,最悪の場合 $\mu$ は0.1以下となります.最近ツルツルの氷盤路面が増えて"ミラーバーン"と呼ばれ,大変危険な状況として北海道を中心に大きな社会問題となっています.最近といいましたのは1992年以来スパイクタイヤが禁止になってからのことで,スパイクピンが氷を削らなくなったためといわれています.むろんスパイクピンは道をも削り,粉じん問題を巻き起こしたので禁止されたのですが,それが新たな社会問題を引き起こしているのです.氷盤上の摩擦については後に詳しく説明します.

以上に述べた摩擦係数の値はタイヤの残溝深さ,タイヤのパターン,あるいはタイヤのトレッドコンパウンド(配合ゴム)の種類,そして温度などによっても大きく変わりますので,大体の目安として下さい.特にトレッドコンパウンドの種類については後に述べる転がり抵抗と密接な関係があり,ヒステリシスロスの高いゴムを使えば摩擦力は向上し,ロスの低いゴムを使えば転がり抵抗が良くなるという相反する関係にありますので,一概にコンパウンドのロスを増加すれば全体として良いタイヤができるというものでもないのです.

さて,実際にブレーキをかけますと,タイヤは路面との間にある滑りを伴って転がっていて,この滑りを100%にしたときが完全にタイヤをロックした状態です.このロックした状態よりもタイヤをある程度回転させながらブレーキをかけたほうが,実は止まりやすいのです.図6.5に示すように,滑り率と摩擦係数の関係を見ますと,滑り率が10%から20%で摩擦係数は最大となります.したがって,ブレーキを思いっきり踏み込んでタイヤをロックするよりは,

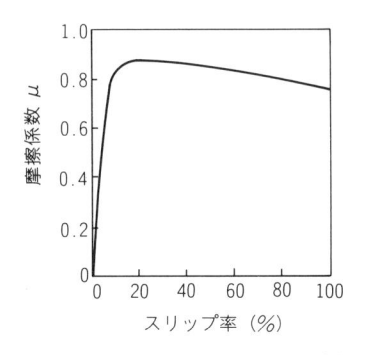

**図6.5 スリップ率とタイヤの摩擦係数**

ポンピングをしながら摩擦係数が一番大きいところでブレーキをかけるようにしたほうが，停止距離は短くなります．最近の高級車についているABS装置（Anti-lock Brake System）はこれを自動的に行う仕組みになっています．また，車両によってはブレーキ油圧の前後配分を変えて，前輪がロックしても，後輪は回転するようにしているものもあります．レーシングドライバーが速く運転できるのも，彼らが摩擦係数を最大にするところの滑り率を肌で感じ取ることができるという高度なテクニックを備えているからです．それでは次にトレッドパターンの影響について取り上げましょう．

## 6.2 ぬれた路面とトレッドパターンの役割

タイヤを地面に押しつけたとき，その接地面積は乗用車の場合おおよそ200 cm$^2$で，はがき1枚分強に相当します．このときの接地面内でのトレッドエレメントの動きについて考えてみましょう．図4.18で，最も簡単なトレッドパターンのないスムーズタイヤの

接地面内の動きを見てもらいました.図に示されるように接地の外側から中心に向かってゴムが変形するように収縮力が働きます.実際のタイヤにはパターンがあるので,縮みの大部分は溝の縮小として現れます.また,このときにトレッドブロックそのものもこの縮みを吸収する方向に変形し,制動・駆動がかかったときにはこのブロックは力のかかった方向にさらに変形します.このように接地面内のトレッドの動きは複雑ですが,この動きによって生じるヒステリシスロスの総和がタイヤのヒステリシス摩擦力となるので,タイヤは単なるゴム片に比べてさらにゴムの摩擦力を向上させる働きがあることを理解していただきたいのです.

ゴムの特筆すべき点として前にも述べましたが,ほかの材料と異なりゴムの摩擦力は接地圧が低いほど大きくなります.したがって2.1節でも説明しましたが,晴天用レーシングタイヤには溝が彫っていないいわゆるスムーズタイヤが使われて,その分強大なグリップを得ていますが,雨天には溝つきのレインタイヤに取り換えます.一般の乗用車では天気に応じてタイヤを取り換えるなどという面倒なことはやりませんから,ぬれた路面で水を排除し摩擦力を高くするためのパターンつきタイヤをいつもつけておかなくてはなりません.図6.6は典型的トレッドパターン4種とその特徴を示したもので,トレッドパターンの第1目的はぬれた路上で摩擦力を確保することですが,このほかにも特に舗装路面以外で有用な効果があることを説明してあります.

さて,このトレッドパターンの役割はぬれた路面の水を排除する上で必要不可欠なものといいましたが,溝が深いほど排除できる水の量が多くなるので,制動は良く,タイヤがすり減ってくると水を排除しにくくなるので,摩擦力が下がり,滑りやすくなります.また,車のスピードが上がるにつれて水の粘性に打ち勝って水を排除

することが困難となり,制動性が悪くなります.したがって,雨の日の自動車スリップ事故の大半は,すり減ったタイヤかスピードの出しすぎが原因となっています.タイヤ溝深さ,スピードと制動距離の関係は図6.7に示すとおりです.それではこのパターンの模様はどのように設計するのでしょうか.

| パターン図 | 特徴 |
|---|---|
| リブ型パターン | 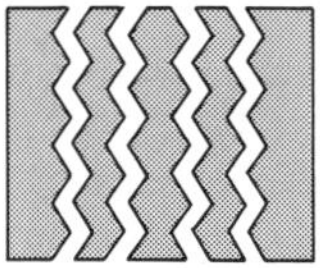 (a) 操縦性,安定性が良い.<br>(b) 転がり抵抗が少ない.<br>(c) タイヤ音が小さい. |
| ラグ型パターン | 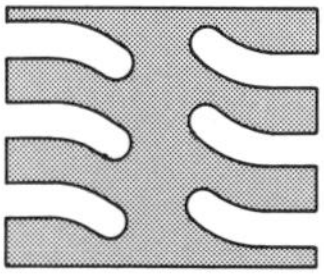 (a) 駆動力,制動力が優れている.<br>(b) 非舗装路におけるけん引力が優れている. |
| リブラグ型パターン | 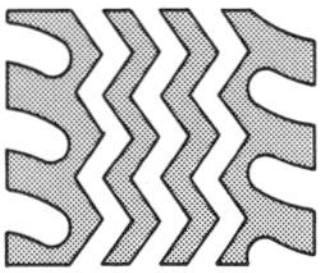 (a) リブ型とラグ型の併用パターンのため両方の特徴をもつ. |
| ブロック型パターン | 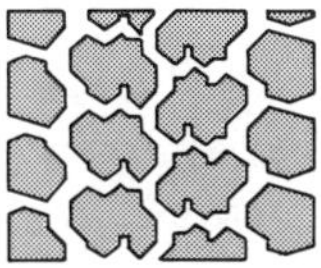 (a) 積雪,泥ねい路用として多く使用されている.<br>(b) 駆動力,制動力が優れている. |

図6.6 トレッドパターンの型と特徴[42]

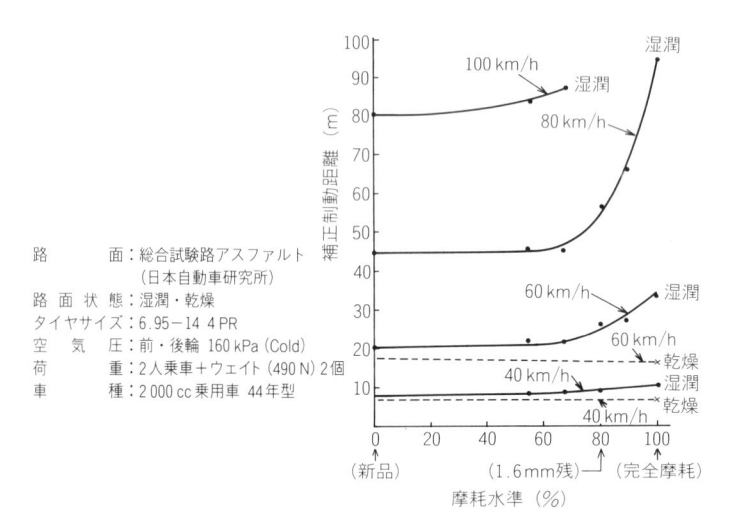

路　　　　面：総合試験路アスファルト
　　　　　　　（日本自動車研究所）
路　面　状　態：湿潤・乾燥
タ イ ヤ サ イ ズ：6.95−14 4PR
空　　気　　圧：前・後輪 160 kPa (Cold)
荷　　　　重：2人乗車＋ウェイト (490 N) 2個
車　　　　種：2 000 cc 乗用車 44年型

**図 6.7　タイヤの溝深さと制動距離の関係（乗用車用タイヤ）[43]**

　パターンは後方に水をかき出すタイヤの周方向のストレートなパターンだけでなく，左右にも水を排出できるように断面方向にもパターンが彫ってあります．その角度も転動時に排水性が最大になるように最適化しなくてはなりません．パターンがギザギザに彫ってあるのは，そのエッヂが路面をぬぐうことによって水膜を切る働きをするからです．また，パターンとパターンの間には細かい切れ目が入っていて，これを"サイピング"と呼び，溝のエッヂと同様に路面の水膜を切るとともにブロックを変形させやすくして，ゴムのヒステリシスロスを発現させやすくする働きがあります．見掛けの全接地面積で溝面積を割った値を"ネガティブ比"と呼び，ネガティブ比が大きいほど，あるいは溝が太いほど排水性は良くなるものの，摩耗寿命や乾いた路面でのトラクションを悪くするので限界が

あります．このようにパターン設計は排水という観点から重要ですが，そのほかにも運動性能，摩耗寿命，騒音やデザイン性まで多岐にわたる要素を考慮して設計しなくてはなりません．

接地面の形状も排水性に大きな影響を及ぼします．偏平タイヤはトレッド幅が広く接地長さが短いために，踏面の中央に水がたまりやすくて排水しにくいので，一般にウエット制動は悪くなります．また，四角い形よりも先端がとがった接地形状をしているほうが，また，トレッド幅が狭く，かつ断面形状が丸いほうが排水性が良いのです．

路面の状態で一番摩擦係数に影響を及ぼすのは水の深さです．これは低速のときにはさして問題になることは少なく，スピードが50 km/hを超えたあたりから急速に水深の影響を受けることになります．スピードを上げていきますとタイヤは次々と水を排除せねばならず，ついには排除が追いつかなくなり，タイヤは水の上に浮いた状態になります．これを"ハイドロプレーニング（hydroplaning）"と呼び，タイヤは全く路面に接しなくなるので摩擦力が皆無となり，ハンドルコントロールもブレーキも一切不可能となって大変危険な状況に陥ります．ハイドロプレーンとはそもそも水上飛行機のことですが，やはりこれもスピードを上げていきますと水の上に浮いてくるので原理的には同じです．ハイドロプレーニングの実際に起きている様子を図6.8の写真に示します．時速100 km/h以上では比較的浅い水深でも容易にハイドロプレーニングが起こります．最近はトラックが走行して轍ができている高速道路が増えてきました．轍があると大した降りでなくても雨の日には水がたまっており，ハイドロプレーニングが起きやすいので十分な注意が必要です．もしハイドロプレーニングが発生してしまったら，アクセルを緩めて接地の回復を待つしか手だてはなくなるので，ぜひ避けなけ

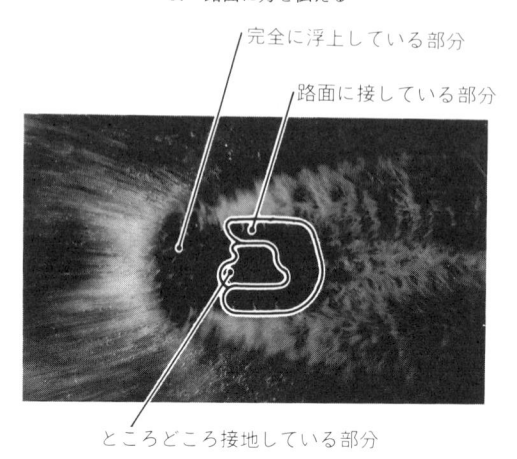

完全に浮上している部分
路面に接している部分
ところどころ接地している部分

**図6.8 ハイドロプレーニング発生時の接地面**（速度 80 km/h）

ればなりません．摩耗してすり減ったタイヤは排水力が劣るため，ハイドロプレーニング発生の限界速度が低くなります．特に残溝が 2 mm 以下になりますと制動性が急に落ちるので，タイヤには交換時期を示す高さ 1.6 mm のスリップサインが周上に数か所ついているのです．

タイヤの空気圧が低いと単位接地面積あたりの荷重が低くなり，ハイドロプレーニング発生速度が下がるので空気圧の管理も大切です．この現象は，特に水のたまった滑走路に着陸する飛行機がオーバーランで事故を頻繁に起こしたことから，アメリカの航空宇宙局（NASA）で大がかりな研究が行われ，その成果の一つとして，ハイドロプレーニングの限界速度 $v_c$ km/h について次の式が提案されています．

$$v_c = 6.3\sqrt{p} \tag{6.3}$$

ここで，$p$ はタイヤの空気圧 kPa です．このほかにも，泥水や雪ま

じりの水，あるいは温度の低い水などのように粘度が高いときには排水性は悪くなり，ハイドロプレーニングの限界速度が下がることなどが見いだされています．

## 6.3 氷雪路の摩擦

路面に積雪があったり凍結している場合，摩擦係数が下がり大変に滑りやすくなります．特にこの氷雪上の摩擦は温度の影響が大きく，0°C付近のぬれた状態，いわゆるウエット・オン・アイスの状態では極度に摩擦係数が低くなります．先に述べたように，このような状況では最悪の場合には，摩擦係数が0.1を切ることも決して珍しくはありません．

ゴムの摩擦力だけでこのアイスバーンを走行するには限界があり，スパイクタイヤが1960年代半ばより広く普及しました．ところがその後，除雪の強化と自動車の保有台数の著しい増加によって，スパイクによる道路の損傷が大きな問題となりました．例えば，札幌市だけでも年間の道路補修費が100億円にも達したのです．同時に道路を削ることで発生する粉じんによる環境悪化も，仙台市を中心に大きな問題となり，ついに1992年には全面的にスパイクタイヤを法令で禁止する運びとなりました．西欧諸国では1975年より西ドイツを始めとしてこの規制が行われていました．このような背景の中で各タイヤメーカは競ってスパイクピンを必要としないスタッドレスタイヤの開発を始めました．それではどのようなことをすれば氷上の摩擦を改良することができるのでしょうか．

まずはトレッドパターンですが，これはなるべく氷を引っかくようにエッヂを多くした溝の深いブロックパターンを採用し，さらにブロックの中に多くのサイピングを設けます．図6.9に一例を示し

168  6. 路面に力を伝える

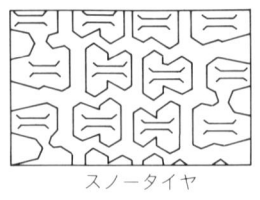

スノータイヤ　　　　　　　　　スタッドレスタイヤ

パターンの工夫
　スタッドレスタイヤには,大きなブロックパターンに細かいサイピング（切り込み）が施されています.ブロックの剛性を軟らかくし,接地面積を広げ,粘着力にプラスしてサイピングのエッジ効果*で,氷との摩擦力を高めています.
　* 凸部の角で雪を引っかくことによる抵抗.

**図6.9　スタッドレスタイヤのパターン例と特徴**[44]

ます.サイピングは同時にブロックを軟らかくしてヒステリシスロスを稼ぐ働きも備えているのですが,さらに柔軟性をつけるために非常に軟らかいコンパウンドを使用します.通常,コンパウンドは低温になると連続的に硬くなり,ついには極低温でガラス状態となり,この温度を"ガラス転移点"といいます.天然ゴムですとガラス転移点は −62℃ ですが,合成ゴムでは −104℃ までガラス転移点を下げることができ,低温でも柔軟性をもたせることができます.ただしあまりガラス転移点を下げると今度はゴムのヒステリシスロスが小さくなり,ぬれた路面での摩擦力が劣るので望ましくなく,ガラス転移点を下げるのも限界があります.

　そこでブリヂストンで考案したのが,コンパウンド中に微細な気泡を入れてブロックを軟らかくする手法で,同社ではこれを"マルチセルコンパウンド"と名づけています.このコンパウンドはブロックを軟らかくしてヒステリシスロスを増加させるだけでなく,表面のミクロな泡が氷を引っかく作用もあるのです.さらに摩耗していきますと泡が表面に現れるのでザラザラになり,水膜を乱し,排

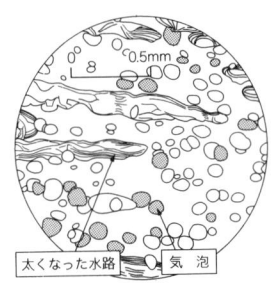

ゴム内部のミクロの気泡と太い周方向の水路が接地面内の水膜を弾力に排除し，気泡と水路のエッジが凍結路面をつかんで，高い摩擦力を発揮

図 6.10 発泡ゴム

水を助ける効果もあります．最近では図 6.10 のように気泡と共にそれよりも太い水路をゴム中に発生させて，排水効果を向上させたゴムや，溝とサイプの幅と形状の工夫を組み合わせて一層制動性能が改良されています．これらの技術の登場により，かなりスパイクタイヤの領域に近づくことはできたのですが，それでもまだ追いついていないのが現状で，さらに将来の開発が望まれるところです．また最近では，アメリカを中心に"オールシーズンタイヤ"というサマーとスノーの中間に位置するタイヤ商品群も発売されて話題を呼んでいます．しかしこれはアメリカのように道の除雪が頻繁に行われている地域に限られており，日本ではまだ普及するには至っていません．

## 6.4 燃費と転がり抵抗

1973 年の第 1 次石油ショック以来，自動車メーカは競って燃費の改良に力を入れてきましたし，最近では燃費を地球環境問題として日米欧ともに力を入れていることは皆さんご存知のとおりです．日本では乗用車と総重量 2.5 トン以下の貨物自動車の燃費基準値を

2010年度に15.3 km/*l*(1995年比21.4%向上)までの改善を求める動きがあり，電気自動車が普及すればさらに低燃費化の要請が強まるでしょう．さて，タイヤの転がり抵抗が燃費に及ぼす影響というのはかなり大きく，おおまかにいえば燃費の内訳は，タイヤの転がり抵抗が1/3，エンジン周りの摩擦抵抗が1/3，車体の空気抵抗が1/3です．ただし，この寄与率は速度によって大きく変わりますので，その様子は図6.11のとおりです．それでは以下にタイヤの転がり抵抗についておはなしします．

タイヤの転がり抵抗には次の三つの発生要因が考えられます．
① タイヤが転動する際の変形で発生するヒステリシスロスによる損失エネルギー
② タイヤと路面の摩擦
③ タイヤの空気抵抗

通常の運転では転がり抵抗の大部分が①によるといわれています．これはエネルギーバランスで考えると，変形によるロスは熱エネルギーとしてタイヤの温度を上昇させるわけで，その分だけ運動エネ

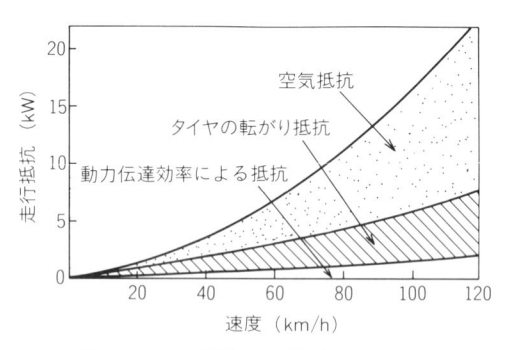

図6.11　自動車の走行抵抗の分解[45]

ルギーが消費され,これがすなわち転がり抵抗となります.悪路走行では②の影響が強くなり,高速走行では③の影響も無視できなくなりますが,それよりも速度が増すと特に110 km/hを超えたあたりから,4章でおはなししたスタンディングウェーブが発生し始めて,激しく発熱するために転がり抵抗は急激に増大します.スピードが転がり抵抗に及ぼす影響については図6.12に示すとおりです.ほかにコーナリング時や制動・駆動時に伴う慣性力も転がり抵抗となって現れますので,ジグザグ運転をしたり急ハンドルを切ったり,急発進・急制動を繰り返すと燃費に響きます.空気圧が低いとタイヤの変形が大きくなりヒステリシスロスが増大するので,やはり転がり抵抗は増大します.逆に空気圧を上げると上げた割合の約半分だけ転がり抵抗を改善することができます.このことは自転車で経験済みの方も多いと思いますが,空気圧が下がってきたときにエアを張り直すと,非常に楽に走れるようになります.また,荷重が重くなっても同様にタイヤの変形は大きくなり,転がり抵抗は荷重に

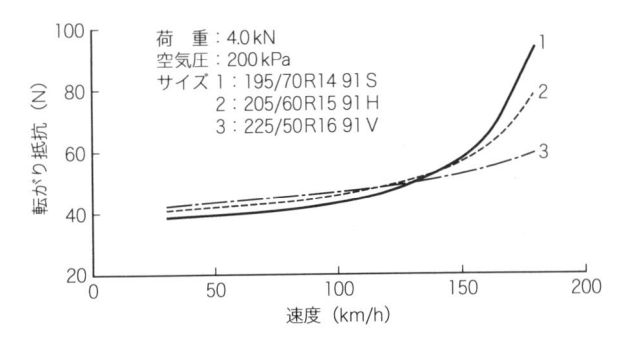

**図6.12 速度による転がり抵抗の変化**

ほぼ比例して増大します．摩耗したタイヤはトレッド部の変形が小さくなる上，ロスを発生する体積が減るので転がり抵抗は小さくなります．こういうことですから，燃費というのは運転の仕方で相当変わるもので，一部の例を除きますと，安全運転する方向が燃費を改善する方向であるのは興味深いことです．

タイヤの種類でずいぶん転がり抵抗が違います．その代表的な例がラジアルタイヤで，バイアスタイヤに比べるとベルト部，したがってトレッド部の変形が小さくなっているために，転がり抵抗は実に20%も低いのです．偏平タイヤについても同じ理由から転がり抵抗は低くなり，同一リム径の場合70シリーズに比べて60シリーズは転がり抵抗を5%くらい改善することができます．ちなみに乗用車の例では20%のタイヤ転がり抵抗の低減は，約5%強の燃費節減につながります．トラックやバスでは転がり抵抗が燃費に及ぼす影響はもっと大きくなります．

以上述べたことを整理すると，タイヤの変形を抑え，ヒステリシスロスの少ないコンパウンドを採用するのが転がり抵抗を減らす方向であることがわかります．これは本章の前半で述べてきた摩擦力，特にぬれた路面での摩擦力を低下させる方向にほかなりません．ですから，ぬれた路面での摩擦力を低下させることなく，いかに転がり抵抗を減らすかというのがタイヤ設計の重要なポイントとなります．

タイヤの設計を転がり抵抗の観点から行う際に，一番大きなファクターとなるのがトレッドのコンパウンドです．空気圧にもよりますが，トレッドが転がり抵抗に及ぼす寄与率は空気圧200 kPaなら約3割，空気圧350 kPaなら約6割です．一般にはヒステリシスロスの低いゴムを使って転がり抵抗を改善しますと，ぬれた路面の摩擦力が下がります．しかし，このことを詳しく解析する

と，転がり抵抗はタイヤの転動による比較的低い周波数の現象であり，ぬれた路面の摩擦は，路面の微小な突起を通過する非常に周波数の高いところでの現象に相当することがわかってきました．最近の合成ゴムの技術の進歩により，高い周波数でロスを保ったまま，低い周波数のロスを低くすることが実現可能となり，この相いれない二律背反現象を克服することができるようになったのです．もう少し具体的にいいますと，粘弾性理論によれば，高周波領域のロスは低温のロスに相当し，低周波領域のロスは高温のロスに相当しますので，図 6.13 に示すように低温で高ロス，高温で低ロスになるようにゴムを改質したわけです．さらに，トレッドゴムを分割して役割分担させる方法も広く採用されています．路面に接触する表面ゴム層のキャップトレッドには摩擦係数とヒステリシスロスを最適化した配合を，キャップトレッドとベルトの間の層であるベースト

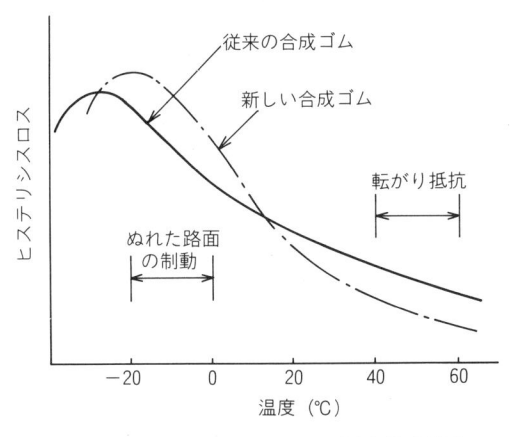

図 6.13 ヒステリシスロスの温度依存性と新しい合成ゴム（概念図）

レッドには徹底して低ロスを追求した配合を使用することによって，バランスのとれたタイヤ性能が得られるよう工夫されています（図8.8参照）．

　タイヤ設計上のもう一つの重要なポイントはタイヤの重量です．タイヤ重量を減らしますとヒステリシスロスを発生する総体積を減らすことになりますので，転がり抵抗が低減されます．もちろんトレッドの溝を浅くしたのでは摩耗寿命に悪影響を及ぼしますし，カーカス部を軽量化しますとタイヤの耐久性が低下しかねませんので，細心の注意を払いながら設計していく必要があります．

　転がり抵抗の測定法は数多く，最も簡単なのは実際の路上で車の速度を規定値にした後にクラッチを切り，惰性で直進走行させて停止距離を測る方法です．ほかには，タイヤ単体を一軸または二軸のドラム試験機にかけ，実際に抵抗を測る方法も一般的です．

　転がり抵抗を荷重で割った値を"転がり抵抗係数 RRC（Rolling Resistance Coefficient）"と呼び，よくこの値を比較することがあります．1980年代初頭には RRC はおおよそ0.012程度でしたが，1993年では0.008になり，2000年には0.006まで落とそうという計画も達成されています．鉄輪使用の鉄道で RRC が0.003くらいですから，かなりその領域に近づいています．人類全体にかかわる資源問題と環境問題に直接関係するわけですから，今後も全世界で燃料消費低減のためにタイヤの転がり抵抗低減の努力が続けられると思います．

# 7. 車の操縦安定性とタイヤ

バイアスタイヤからラジアルタイヤに取り換えたり,ラジアルタイヤでも80シリーズから偏平な60シリーズにはき換えたりして,今までより安心してカーブを曲がれるなと感じた経験をおもちの方が多いと思います.一般のドライバーにとってはこのような"安心感"が大事なのではないでしょうか.ところが,どんな状態なら"安心感"があるのかとなりますと,"操縦性も安定性も良くて,スリップしにくいのが良い"というはなしになります.

そして操縦性が良いとは,運転者がハンドルやアクセル等を操作したときに,車両の動きと運転者の描いている期待値のずれが小さく,またそのずれを簡単に修正できることで,安定性は横風や路面不整などの外乱を受けたり,なんらかの操舵をした後にもとのつり合い状態に戻りやすいほど良いとされています.この章では操縦性と安定性,これに関連したタイヤの特性についておはなしします.

車と路面の接点はタイヤだけですから,空気抵抗と風の影響以外はタイヤと路面の間に発生する力とモーメントによって車の動きが支配されています.したがって,タイヤからどのような力,モーメントが発生しているかが大変重要なことです.

## 7.1 車はなぜ曲がれるか？

車が曲がれば車に遠心力が働きますので,その遠心力につり合うだけの横向きの力がタイヤと路面の間に作用しなければ,車は曲が

ることができません.このときの力のつり合いを簡単な式で考えてみましょう.図7.1に示した車のモデルは4輪車の左右の車輪を車体中心線に集めて2輪車としたもので,乗用車の簡単な運動を論じる場合によく用いられます.コーナリングの運動を考えるには横方向の力のつり合いとヨーイングモーメント(yawing moment)のつり合いを(7.1)(7.2)式のように考えればよいのです.なお,ヨーイングモーメントとは図7.1で車をその重心の周りに時計回りあるいは反時計回りに回転させようとするモーメントです.

$$\text{横向きの力}: \frac{W}{g} \cdot \frac{v^2}{r} = F_1 + F_2 \tag{7.1}$$

$$\text{ヨーイング モーメント}: I_z \frac{d^2\theta}{dt^2} = F_1 \times l_1 - F_2 \times l_2 \tag{7.2}$$

ここで,

$W=$車の重量　$g=$重力加速度　$v=$車速　$r=$旋回半径

$l_1, l_2=$重心から前軸,後軸までの距離

$F_1, F_2=$前軸,後軸の左右輪合計の横力

$I_z=$車のヨーイング慣性モーメント

$d^2\theta/dt^2=$ヨーイング角加速度

$\alpha=$タイヤのスリップ角　$\beta=$車体の横滑り角　$\delta=$舵角

です.

この二つの式からタイヤに発生している横向きの力(コーナリングフォース)$F_1$,$F_2$が大きいほど大きな遠心力まで支えられますので,同じ半径のコーナをより速く曲がれることになります.前輪タイヤで発生するヨーイングモーメント$F_1 \times l_1$が後輪タイヤの$F_2 \times l_2$より大きいほど向きが変わりやすい,すなわち操縦性が良くきびきびとしてコーナリングができ,逆に後輪タイヤのヨーイングモーメント$F_2 \times l_2$のほうが大きいほど安定性の良いことが図7.1

7.1 車はなぜ曲がれるか？

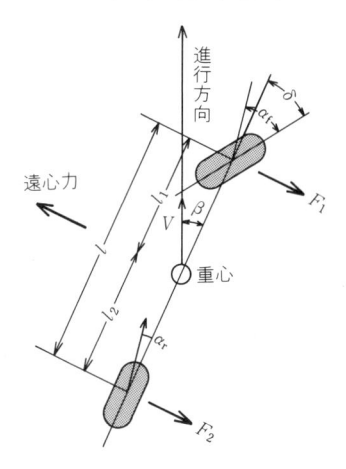

**図7.1 姿勢角をもつ自動車に働く力**

だけでもわかります．

詳しいことは次節で説明しますが，タイヤのスリップ角1°あたりのコーナリングフォースを"コーナリングパワー"といいます．この特性値を使うと先ほどのタイヤ横力 $F_1$, $F_2$ は次のように表せます．

$$F_1 = 2K_f \left( \delta + \beta - \frac{l_1}{v} \cdot \frac{d\theta}{dt} \right) \tag{7.3}$$

$$F_2 = 2K_r \left( \beta + \frac{l_2}{v} \cdot \frac{d\theta}{dt} \right) \tag{7.4}$$

ここで，$K_f$, $K_r$＝前輪，後輪タイヤのコーナリングパワー，$d\theta/dt$＝ヨーイング角速度．

これらの式と先の力のつり合い式から車の運動を解くことができますが，複雑になるので，ここではハンドルの操作によって車がどのようにして曲がるのかを考えてみます．

直進走行,したがってタイヤ横力が発生していない状態でハンドルを切り,舵角 $\delta$ がつくと前輪のスリップ角 $\alpha_f$ と横力 $F_1$ が発生します.するとつり合いがくずれてヨーイング運動が起こり,その結果車体横滑り角 $\beta$ とヨーイング角速度が発生するため,後輪タイヤにもスリップ角 $\alpha_r$ がついて横力 $F_2$ が発生し,新しいつり合い状態で安定します.このような変化が連続的に起こって,車がカーブを曲がることになります.なお,この説明からわかるように,前軸と後軸の力の発生のタイミングにはどうしても時間差ができて,それが車の安定性を損ないます.後輪タイヤにも前輪と同じタイミングで舵角をつければ,この時間差がなくなり車がより安定になるはずであるという考え方が,4輪操舵(4WS)の基本です.

上記の過程からみて,コーナリングパワー $K_f$, $K_r$ が大きいタイヤを採用して,大きな横力 $F_1$, $F_2$ を発生させ,車の応答性すなわちハンドルの切れを良くすることにより,良好な操縦性を確保でき,後輪タイヤで発生するヨーイングモーメント $F_2 \times l_2$ が,前輪の $F_1 \times l_1$ よりわずかに大きくなるように設定して,安定性も確保できることが容易に理解いただけると思います.

## 7.2 タイヤに発生する力とモーメント

### コーナリングフォースとセルフアライニングトルク

タイヤの接地面にどのような力が働いているかを考えてみましょう.タイヤは横滑り角 $\alpha$(スリップ角)がついて初めて図7.2に示した力とモーメントを発生します.スリップ角というのは車輪の中心面が車の進行方向となす角度です.車の運動を考えるには,通常コーナリングフォースとセルフアライニングトルクを考えれば十分です.コーナリングフォースは車に横向きの力となって働きカーブ

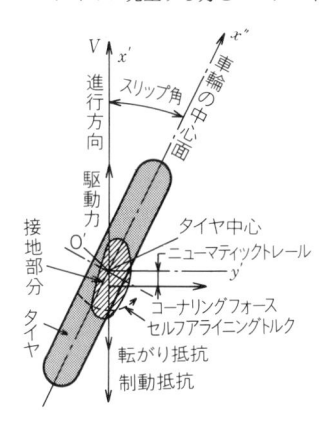

図7.2 横滑り時に発生する力とモーメント

を切らせます．また，セルフアライニングトルクとは自動的にタイヤの姿勢をもとに戻すモーメントを意味しており，カーブをほぼ回り終わってから手を緩めるとハンドルが自分で戻ってくれるのは，このトルクがあるおかげで，このトルクの大小によりハンドルの重さも左右されます．

図7.3に示してあるようにスリップ角がついたタイヤが回転すると，接地部を中心にかなり大きな横方向の変形を起こし，これがもとに戻ろうとしてコーナリングフォースを発生します．そして，その着力点が図7.2のニューマティックトレール分だけ後ろにずれているため，セルフアライニングトルクを発生するものです．前にもふれましたが，この横方向変形が極端に小さい鉄輪やゴムソリッドタイヤでは，コーナリングフォースがわずかなスリップ角で飽和してしまうため (図2.5参照)，ドライバーの感覚とうまく合いません．

空気入りタイヤの範囲内では図7.3のようなクラウン部の横変形を起こしにくいタイヤのほうが，同じスリップ角で大きいコーナリ

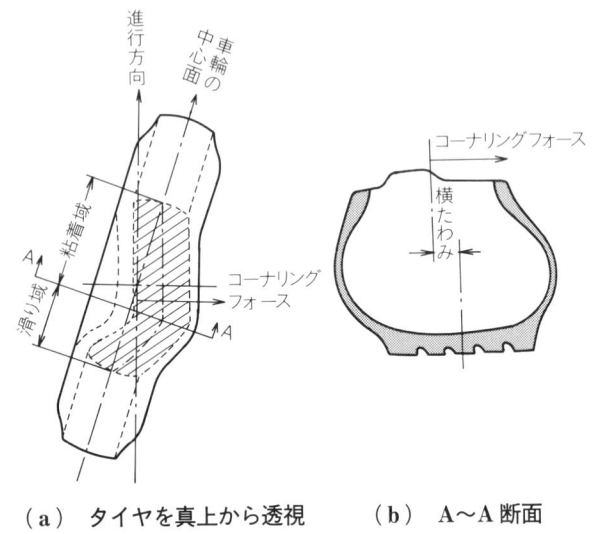

(a) タイヤを真上から透視　　（b）　A〜A断面

図7.3　スリップ角がついて横変形したタイヤ

ングフォースを発生し，良好な操縦安定性を発揮できます．例えば，バイアスタイヤより剛性の高いベルトをもつラジアルタイヤのほうが，また，より偏平なタイヤのほうが大きいコーナリングフォースを発生します．

### タイヤ操縦特性の測定

このようなタイヤの特性は実際の路上で，バスタイプあるいはトレーラータイプの測定車両を走らせて測定する場合もありますが，通常は試験の再現性や効率の良い室内試験機で測定します．室内試験機にも路面として回転するドラムを使うものと，平滑な路面とするため回転するスチールベルトを使うフラットベルト式のものがあ

7.2 タイヤに発生する力とモーメント

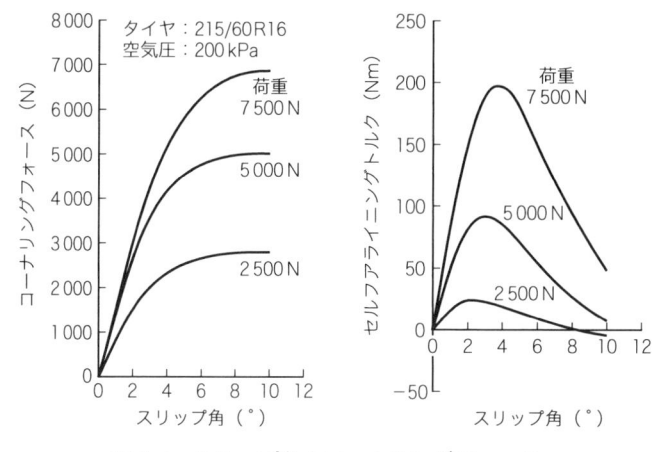

**図7.4 スリップ角とコーナリングフォース，セルフアライニングトルク**

ります．いずれの方式でも，タイヤと路面間に働く力とモーメントを測定する場合は路面の性状が重要で，一般にはスチール平滑面，ローレット加工した路面，セーフティウォーク（サンドペーパーのような床に貼る滑り止め），桜板などが用いられてきました．最近では，実際の路面に近い特性が得られますので，フラットベルト式試験機の路面にセーフティウォークを貼りつけた方式が主流になっています．計測したコーナリングフォースとセルフアライニングトルクの例を図7.4に示しました．

自動車が通常の走行をしている状態では，タイヤスリップ角は高々3〜4°以下で，その範囲のコーナリングフォースのカーブは図7.5から見て直線に近く，コーナリングフォースがスリップ角と比例関係にあることがわかります．車の運動を計算式で記述するのに便利なように，この比例定数すなわちカーブのこう配をコーナリン

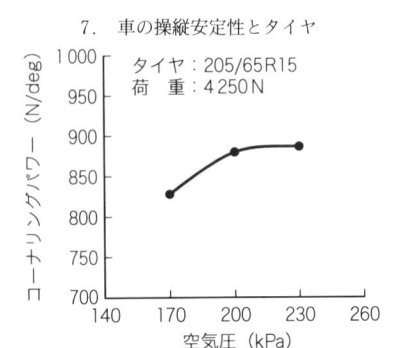

図7.5 空気圧とコーナリングパワー

グパワーと定義して利用します．実務上はスリップ角 0〜4°の平均こう配を使うことが多いようです．通常の運転状態の特性は，このコーナリングパワー特性を見ることによって，また限界に近い状態の挙動はコーナリングフォースの最大値付近の特性を見ることによってタイヤのコーナリング性能を考えることができます．

**タイヤの各種要因とコーナリングパワー**

コーナリングパワーがタイヤによってどのように違うかを少し調べてみましょう．

① 空気圧が低い範囲ではその増加とともにコーナリングパワーが増大します．空気圧が高いとタイヤのクラウン部にかかる張力が増加して，その部分の剛性を高めるからです．しかし常用空気圧以上では飽和します．その様子を図7.5に示してあります．

② 荷重の増加とともに常用荷重までほぼ直線的に増加しますが，常用荷重を少し超えたところで最大値となり，それ以上ではコーナリングパワーが減少します．図7.6がその状況です．ハー

7.2 タイヤに発生する力とモーメント

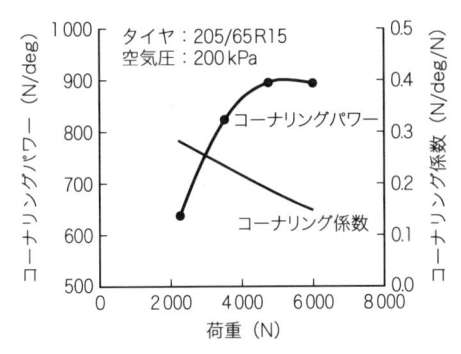

**図 7.6 荷重とコーナリングパワー及びコーナリング係数**

ドコーナリングをするとカーブの外側タイヤの荷重が大幅に増加し，逆にカーブの内側タイヤの荷重が大きく減少します．すると両方のタイヤのコーナリングフォースが減少してしまうことになって，カーブを曲がり切れなくなることもあり注意が必要なところです．

この図にはコーナリングパワーを荷重で割ったコーナリング係数も記入してあり，この係数は荷重とともに減少しています．すなわち同じタイヤを大きな荷重で使うほど，操縦性が悪くなることを示しています．スポーツカーなど高い運動性能が必要な車種ほど車重の割に大きなタイヤをつけているのは理にかなっています．

③ ラジアルタイヤはベルト層の剛性が高いためコーナリングパワーが大きく，またスチールベルトのほうがテキスタイルベルトより大きいことも図 7.7 で明らかです．

④ 偏平タイヤほど大きなコーナリングパワーを発生するとともに，荷重が増加してもコーナリングパワーの低下が少ないこと

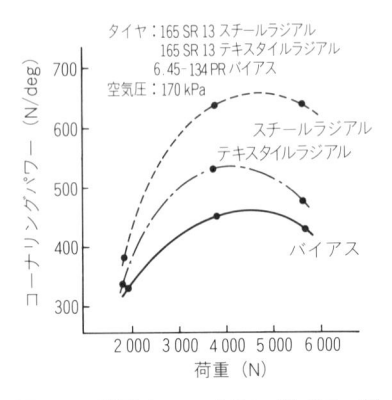

図7.7 構造とコーナリングパワー[46]

　　が図7.8から読み取れ、ハードコーナリングにも安全側にあることがわかります。偏平な形状を保つためにベルトに大きな張力が加わり、その結果剛性が大きくなるためです。サイドウォールの高さが低くなり横剛性が高くなることも効いています。高速スポーツカーほど大きなコーナリングフォースが必要となるので、最近では、50シリーズ以下の超偏平タイヤも使われるようになっています。
⑤　プライやベルトと路面の間にはもう一つトレッドというばねが直列に入っており、この剛性が低いといくらベルトの剛性が高くても、大きなコーナリングパワーは得られません。トレッドゴムの硬度が高いほどコーナリングパワーがいくらか大きく、同じタイヤでも摩耗によってトレッドが薄くなると、コーナリングパワーは増加します。雪氷上性能を重視したスノータイヤは、トレッドゴムが軟らかく溝も深いので、乾燥路面上のコーナリングパワーは図7.9に見られるように小さいのです。

7.2 タイヤに発生する力とモーメント

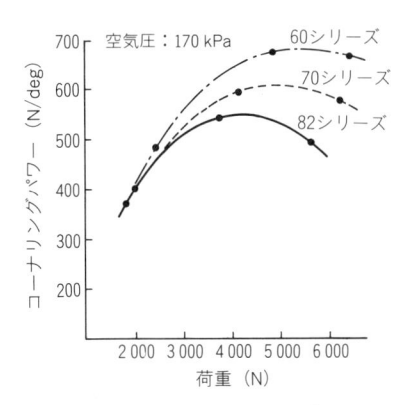

**図 7.8 偏平比とコーナリングパワー**[47]

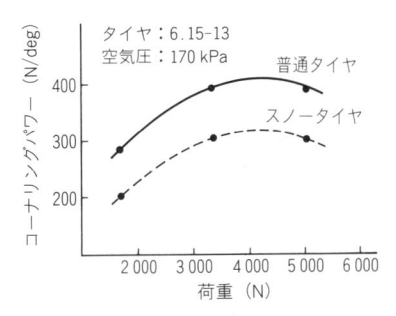

**図 7.9 パターン剛性とコーナリングパワー**[48]

⑥ リム幅を広くするとタイヤの横剛性が増すので，コーナリングパワーは増大し，しかも荷重が大きいところまで伸びていきます．したがって，スポーティな車は，幅広のリムを用いる傾向にあります．

⑦ 路面摩擦係数の影響を図 7.10 に示します．雪氷路面のよう

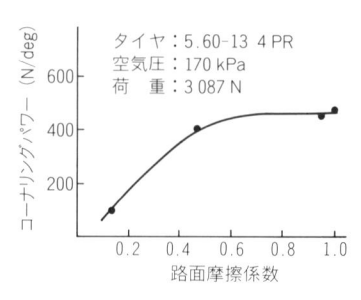

**図7.10** 路面摩擦係数とコーナリングパワー[49]

な極端に摩擦係数の低い路面を除けば,路面の摩擦係数が変わってもコーナリングパワーはあまり変化しないことがわかります.

### タイヤの横滑り摩擦係数と各要因

どれだけ速い速度でカーブを走れるかという限界の高さは,タイヤが発生できるコーナリングフォースの最大値で決まり,その最大値は横滑り摩擦係数によって決まるわけですから,この摩擦係数に対する各要因の影響も見ておきましょう.

① 空気圧の増加とともに摩擦係数はわずかながら増加し,6章で接地圧の低いほうが高い摩擦係数が得られるという説明と矛盾するようですが,コーナリング中タイヤが図7.3のように変形しているときはカーブの外側にロールし,図7.3よりも接地面積が減少しています.空気圧が高いとロールが押さえられてかえって接地面積が大きくなるためと解釈されます.

② 荷重が増加すると図7.11のように横滑り摩擦係数はかなり顕著に減少します.これはコーナリング係数の変化と一致して

7.2 タイヤに発生する力とモーメント　　187

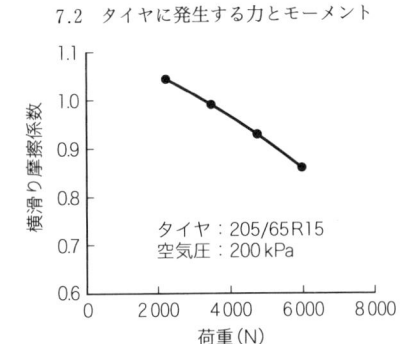

**図7.11　荷重と横滑り摩擦係数**

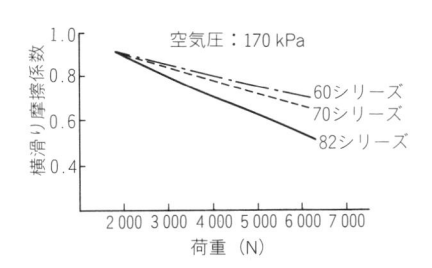

**図7.12　偏平比と横滑り摩擦係数**[52]

います．
③　偏平にするほど，広い接地面積が確保できるので，横滑り摩擦係数は増加し，特に図7.12に見られるとおり大荷重域の低下が改善されますので，コーナリング限界での性能が向上します．コーナリングパワーも限界性能も良くなるのですからレーシングカーや超高性能スポーツカーには超偏平タイヤが使われるのも当然です．
④　路面の性状が変わると，当然横滑り摩擦係数は大きく変化し

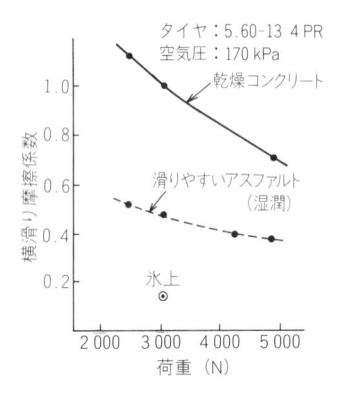

**図 7.13　路面の種類と横滑り摩擦係数**[53]

ます．同じ路面でも乾燥状態とぬれた状態では図7.13のように大きく変化しますので，走行には十分注意が必要です．

### コーナリング時の制動，駆動

ブレーキを踏むあるいはアクセルを踏み込んでタイヤに制動力あるいは駆動力が作用すると，コーナリングフォースが減少します．なぜかといいますと，接地面に作用する摩擦力は，摩擦係数を除くとほぼクーロンの摩擦法則に従っていますので，前後方向の力と横向きの力の合力は荷重と摩擦係数の積を超えることができません．これを式で示すと，

$$(前後力)^2 + (横力)^2 \leq (摩擦係数 \times 荷重)^2 \tag{7.5}$$

と書き表すことができ，右辺は半径 $\mu W$ の円で囲まれる領域を示しています．実際のタイヤは前後方向と横方向で摩擦係数が異なるため，図7.14に示すような楕円（摩擦楕円）となります．実際のタイヤの特性の例を図7.15に示します．この関係からわかるよう

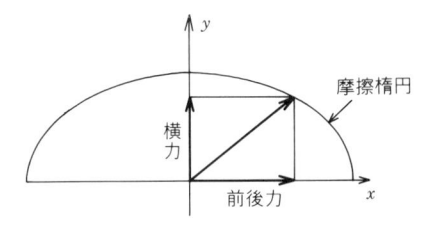

7.2 タイヤに発生する力とモーメント

**図7.14 摩擦楕円**

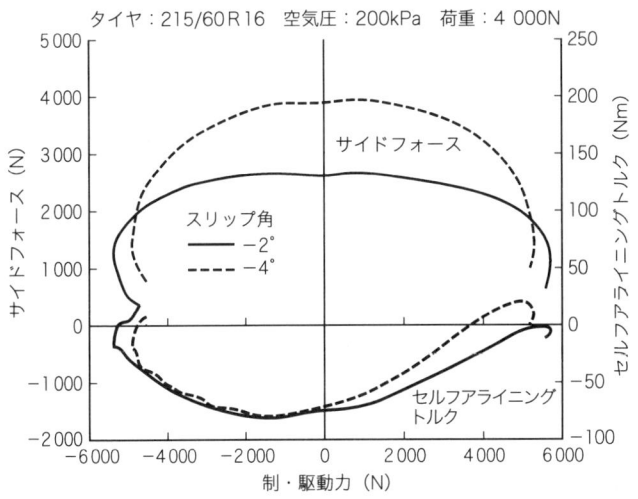

タイヤ：215/60R16　空気圧：200kPa　荷重：4 000N

**図7.15　制動・駆動力によるサイドフォースと
セルフアライニングトルクの変化**

に制動あるいは駆動力が大きくなると横力が減少します．

　この特性は，FF車とFR車で違った挙動として現れます．FR車では，コーナを曲がっているときアクセルを踏み込むと車がイン側を向くのに対し，FF車では，逆にアクセルを緩めると車がイン

に向きます．つまり，FR車では後軸の駆動力が増加するとコーナリングフォースが減少するので，車にインを向かせるモーメントが作用し，FF車では逆に，前軸の駆動力が減少するとコーナリングフォースが増加し，インに向かせるモーメントを発生させているのです．ジムカーナなどで見掛ける，FR車でサイドブレーキを引いてスピンターンという芸当も，後輪タイヤに大きな制動力を作用させコーナリングフォースを極端に小さくして，スリップを起こさせることにより180°クルッと回転させているわけで，やはりタイヤのこのような特性を利用しているのです．

## 7.3 その他のタイヤ特性

前節ではコーナリングフォースを中心におはなししましたが，車の操縦安定性にかかわるタイヤ特性はほかにもいろいろありますので，ここでふれてみたいと思います．

### セルフアライニングトルクの影響

図7.2でもわかるように，このトルクは横滑り角を減らす方向に働くので，これが大きいと切り込んでいくときにハンドルが重くなり，逆にハンドルの戻りは軽くなります．また，このセルフアライニングトルクはハンドルの重さ以外に，ステア特性にも影響を及ぼします．この影響を理解するには，サスペンションの特性を知っておく必要がありますので，簡単に説明しておきましょう．

最近，自動車雑誌の記事などで，サスペンションコンプライアンスとかコンプライアンスチューニングという言葉が使われています．サスペンションにはゴムブッシュなどがあるため，タイヤに力やモーメントが発生するとその影響でサスペンションが変形し，そして

舵角が変化します.すると横滑り角が変化するので,発生する力もしたがって車の運動も変化します.サスペンションが変形して舵角が変化することを,サスペンションのコンプライアンスステアといいます.この変形のなかで,通常の車では,フロントのステアリング系の剛性が小さいので大きな影響を受けます(中でもステアリングギアの影響が大きい).したがって,セルフアライニングトルクにより,ハンドルを回して切った舵角が逆に戻されるような形になって,同じコーナリングフォースを発生するタイヤでも,セルフアライニングトルクが大きいほど,フロントのコーナリングフォースが実質的に減少し,アンダーステア傾向になります.

### タイヤの過渡応答特性

回転しているタイヤに横滑り角がつくとき,その変化が速いとタイヤのもつ粘性要素の影響で,コーナリングフォースの発生に遅れが生じます.横滑り角をステップ状に与えると図7.16に示すようにコーナリングフォースが遅れて発生し,安定するまでに時間を要します.そしてこれは,ハンドルを切ってからの車のレスポンスの遅れとなって表れます.タイヤの要因として,例えば空気圧を下げると遅れは大きくなり,荷重が増すとやはり遅れが大きくなります.また,ラジアルタイヤとバイアスタイヤでは,ラジアルタイヤのほうが横剛性が小さいため遅れが大きくなります.しかし,車を運転しているとラジアルタイヤのほうがレスポンスが良いと感じます.これは,遅れは大きくても発生するコーナリングフォース自体が大きいため,レスポンスが良いと感じるのです.

1970年代末になって,乗用車タイヤのラジアル化が進み,定常状態の操縦安定性の問題がほぼ解消されると,ハンドル切り初めの車のレスポンス遅れ,それに続く車の挙動とドライバーの期待値と

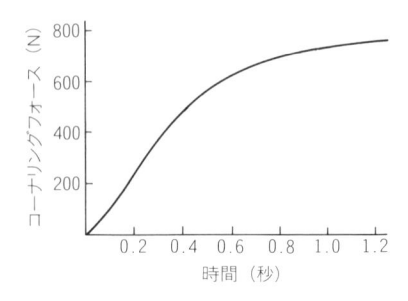

図 7.16 コーナリングフォースの
過渡応答特性[54]

のずれ，すなわち過渡応答特性の問題が大きく取り上げられるようになりました．全体的な対処法はタイヤの偏平化でした．偏平化によってラジアルタイヤの軟らかいサイドウォールが短くなり，その分横剛性が上がって遅れが小さくなります．当時はまだ 80 シリーズが主体でしたが，現在では一般の乗用車でも 65 シリーズがメインとなっています．最近ではさらに細かい点まで追求されて，横剛性のほかに回転方向のねじり剛性も過渡応答特性に関与することがわかり，鋭意研究開発の努力が続けられています．

なお，トレッド部のゴムの硬さ，溝の深さ，パターンなどを変えても遅れはあまり変わりません．

### キャンバースラスト

前輪タイヤはまっすぐに立っているのではなく，普通はわずかに外側に倒れた外開きの形で取りつけられており，この角度を"キャンバー角"と呼んでいます．2 輪車の場合は大きく倒して走行しますが，これも"キャンバー"と呼びます．

横滑り角ゼロで転動していても，タイヤが路面に対してキャンバ

7.3 その他のタイヤ特性

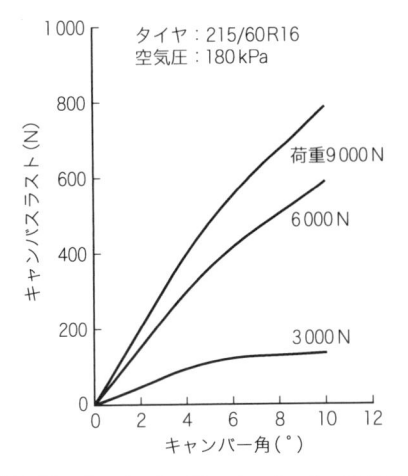

**図7.17 キャンバー角―キャンバースラスト**

一角をもっていると図7.17のように横向きの力，キャンバースラストを発生します．したがってキャンバー角がついたタイヤでは，コーナリングフォースとキャンバースラストの合力が横向きの力として作用します．車のキャンバー角は，コーナリング時にサスペンションの動きに伴って変化するので，レーシングカーなどではコーナリング時にキャンバー角が小さくなるように初期キャンバーを設定し，キャンバースラストがコーナリングフォースを減殺しないように配慮してあります．

キャンバースラスト，キャンバーモーメントが影響を与える車両の挙動として，"ワンダリング現象"というものがあります．これは深い轍を走行中にふらつく，あるいは，ハンドルが取られるなどの現象で大型，小型トラックで見られる現象です．タイヤが轍の斜面にあたるとキャンバー角がついた状態になるので，キャンバーモ

ーメントによって舵角が変化しドライバーの意志に反した動きをするものです．

乗用車でも超偏平タイヤが高性能車で使われるようになりましたが，超偏平タイヤでは大きなキャンバーモーメント（セルフアライニングトルクと同じ方向）が発生し，車によっては深い轍を走行時に急激にハンドルを取られることがあります．このような現象に対しては，キャンバーモーメントが小さくなるようにサイドウォールの剛性を操作することによって，ほぼ解決することができます．

### 雪道でのタイヤ特性

冬場の雪道を走行すると非常に滑りやすいということはだれもが感じることですが，雪上ではタイヤのコーナリング特性がどのようになっているかを図7.18に示しました．この図はサマー（夏用）タイヤ（汎用タイヤと高性能タイヤ），オールシーズンタイヤ，スタッドレスタイヤの圧雪上の特性を比較したものです．やはり，スタッドレスタイヤが最も大きなコーナリングフォースを発生し，大きい横滑り角までコーナリングフォースの増加が続いています．そ

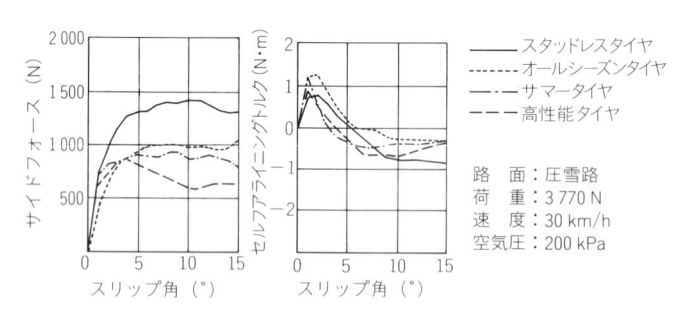

**図7.18　各種タイヤの圧雪路コーナリング特性**[55]

れに対して，高性能タイヤでは横滑り角が非常に小さいとき，すなわち，横滑りがほとんど発生しないときには大きなコーナリングフォースを発生しますが，ごく小さな横滑り角で飽和に達し，以後は減少していきます．この現象は，コーナリングフォースの発生が，トレッドゴムと路面の間の摩擦力に依存することを示しており，高性能タイヤに使われているゴムは常温でその性能を最大に発揮しますが，低温では硬くなって摩擦係数が低下するのに対し，スタッドレスタイヤは低温でも硬くならないゴムを使用しているからです．

### 据え切りトルク

静止しているタイヤをねじり回転させるのに必要なトルクを"据え切りトルク"と呼びますが，車庫入れなどで車が止まっている状態でハンドルを大きく切るときに感じるハンドルの重さが，このトルクに起因します．ねじり角が小さいときはトルクは直線的に増加し，ねじり角が大きくなると一定値に近づきます．ねじり角が小さいときはタイヤのねじり剛性が関与する部分であり，大きくなると路面とタイヤの完全な滑り状態になります．したがって，回転しているタイヤに横滑り角がついたときに生じるセルフアライニングトルクとは異質のものです．

ラジアルタイヤが市販され始めたころ，バイアスタイヤからラジアルタイヤにはき換え，車庫入れでハンドルの重さに手こずった人も多いのではないでしょうか．バイアスタイヤとラジアルタイヤを比較すると，必ずしもラジアルタイヤがトルクが大きいとは限らないのですが，ラジアルタイヤのほうが重く感じるのは，図7.19に示すように立ち上がりでラジアルタイヤのこう配が大きいためと考えられます．最近はパワーステアリングが装着されている車が多く，油圧が助けてくれますので，以前ほど問題にはされなくなりました．

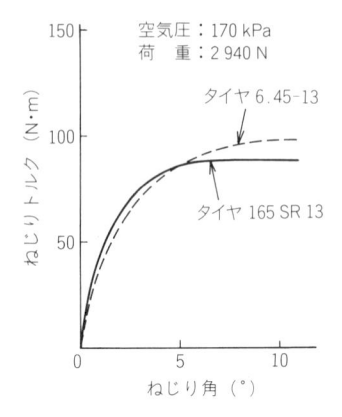

図7.19 タイヤ構造と据え切りトルク[56)]

## 7.4 操縦性と安定性の評価

　この節では操縦安定性を評価する方法を紹介しながら,これまでにおはなししきれなかったことを若干つけ加えたいと思います.

　操縦安定性を計測値で客観的に評価するための努力が続けられていますが,車あるいは車と組み合わせたタイヤの完成度を判断する段階では,物理的なものでは表せない評価項目が多く必要となりますので,まだ計測値では十分評価できません.したがって,実際上は人間の感覚による主観的評価すなわち官能評価(フィーリング評価)が主体となっています.

　評価試験は,一般路で行うこともありますが,そのほとんどは専用のプルービンググラウンド(テストコース)で行われます.そこには実際の市場での状態をできるだけ広く再現するために,長時間の高速走行が可能な高速周回路や,市場に見られる路面不整等を模

擬した各種路面,ハンドリングコースが用意されています.

評価にあたっては,旋回,車線乗り移り(レーンチェンジ)など種々の走行モードで走行し,直進性,応答のシャープさ,手応え,グリップ感,アンダーステア/オーバーステア(US/OS)の度合い,限界コントロール性ほか多くの項目を評価します.

これらの評価項目は,自動車会社,タイヤ会社によって異なり,また,それぞれの言葉のもつ意味も違っているのが現状です.操縦安定性を試験する場合には,人が運転(操作)し,それに対する挙動を評価するわけですから,運転の仕方,挙動の感じ方でどうしても人による差が生じます.例えば,直進性一つを取っても,どのくらいの速度でどのように走り,どのような現象で良否を判定するかなど,人によってわずかながら差があります.したがって,評価の仕方を十分訓練された評価パネラーによって評価が行われています.

このような主観的な評価でなく,客観的な定量値で評価しようとする試みも行われており,いくつかの標準試験法も規格化されています.その代表的なものとして,下記のような試験があります.

① 定常円旋回試験(JIS D 1070):半径 30 m の円に沿って,極低速から限界速度までゆっくり加速し,そのときのスタビリティファクター(ステア特性を示すパラメータ),ロール率(求心加速度 0.5 G でのロール角)などを測定します.ステア特性とは通常,"アンダーステア","オーバーステア"という表現で呼ばれる特性で,同じ半径を旋回しながら加速していったときに,速度を上げるに従ってハンドルの切り増しが必要な状態をアンダーステアといい安定性が良い側です.速度を上げていったときに,逆に切り戻さなければならない場合をオーバーステアといいます.通常の乗用車は大部分が弱いアンダーステアに設定されており,安定性の良い側にあります.

② 操舵過渡応答（JASO Z 110）：車両の動的な挙動を見るために，直進走行中にa.ステップ状，b.単一正弦波，c.ランダム，d.パルス状，e.連続正弦波のうちいずれかの操舵を行った時の挙動を計測します．そしてaとbの操舵に関しては横加速度，ヨー角速度の立ち上がり遅れ時間とゲイン等を求め，c, d, eの操舵では周波数分析して操舵角等に対するヨーレイトや横加速度の伝達関数を求め，そのピークゲインや位相遅れなどで評価します．

③ レーンチェンジ（JASO C 707）：乗り移り幅3.6mのレーンチェンジを行い，そのときの操舵の修正度合い，ヨーレイト，横向き加速度の遅れなどで評価します．

計測による評価は，試験する人に依存しないという長所をもっていますが，フィーリング評価との対応がまだ十分でなく，最終的な評価は人に頼らざるを得ないのが現状です．

最近，自動車メーカでは開発の効率化のためCAE（Computer Aided Engineering）を導入しています．これは車の設計から性能評価までをコンピュータ上で行おうとするもので，これによって開発期間，コスト等の大幅削減を狙うものです．そのためには，コンピュータ上の走行シミュレーション計算によって性能を評価する必要があります．すなわち，計測値による定量的な性能評価が不可欠となり，計測装置の技術的進歩もあいまって，車両挙動を計測してそれにより操縦安定性の良否を評価しようとする研究が活発に続けられています．

# 8. タイヤの製造と設備

　各種原材料から中間製品（部材）をつくり，その部材を組み合わせてタイヤができるまでの作業の流れと，それぞれの工程で使用される設備など全体の概要を示した図8.1が，一般的なタイヤの製造工程です．タイヤ製造の特徴やむずかしさについて簡単におはなしした後，各工程と設備について説明したいと思います．

## 8.1 タイヤ製造の特徴

　タイヤ製造工程は，その初期段階で生ゴムの流動性・可塑性を利用して中間製品（部材）をつくり，次の段階では生ゴム若しくは生ゴムで被覆された部材間のお互いの粘着性を利用して張り合わせ，組み立てて生タイヤにし，最終段階で加硫反応を起こさせて安定した弾性をもつ製品にするという順序です．このような工程はほかの工業製品にはまれではないでしょうか．強いていえば，セラミックスや陶磁器など，窯業製品に若干似たところがあるように思います．

　このようにいいますと割に簡単にタイヤができそうに聞こえますが，決してそうではありません．生ゴムも練ったり混ぜたりするには結構硬いもので，一般には加熱して軟らかくした上で大馬力のモーターで駆動することによりやっと練ったり，シートにしたり，形材を押し出したりできるくらいですから，タイヤ製造はエネルギー多消費型の産業に属します．そして可塑性は原料ゴムのばらつきや，練り方，ゴムの履歴，各工程の加工条件等でかなりばらつくもので

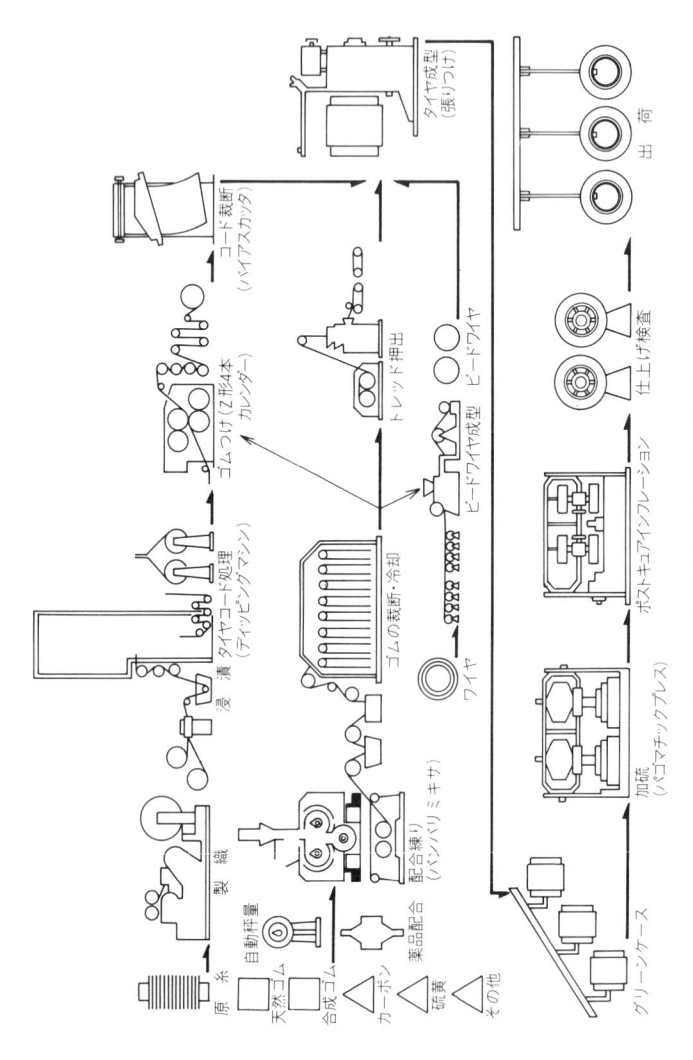

図 8.1 自動車タイヤ製造工程図[55]

す.また,粘着性もゴム（ポリマー）の種類で差がありますし,ゴム表面への薬品類のしみ出し（"ブルーム"といいます.）の程度によって大きくばらつきます.ブルームの程度は薬品の種類はもちろん,練ったときの温度,放置時間と温度,表面をこするなど刺激を与えたかどうか等々により大きな差があり,極端な場合は全然粘着しないこともあります.加熱加圧する加硫工程でもゴムの流動とそれに伴うコードの移動によるばらつきを完全になくすことはできません.

可塑性・粘着性にばらつきがあること,可塑性が役立つ反面未加硫の部材はちょっと引っ張ると伸びたり変形したままになること,また,剛性が不足することなどの理由によって,部材を張り合わせて生タイヤを組み立てる成型工程では,以前に比べるとかなり自動化が進んだ現在でも,まだまだ熟練工の手作業に頼るところが多く,ユニフォーミティもまだ改善を要するところがたくさんあります.このような状況を頭に置いて以下の各工程の説明を読んで下さい.

## 8.2 材料の準備

タイヤの製造は,各種原材料を加工して,次の工程である中間製品（部材）をつくる諸工程に供給できる形にするためのゴム練り,コード類の前処理とそのコーティング（コードをゴムでサンドイッチ）等の材料の準備から始まります.

**ゴム練り**（配合・混練り）
タイヤには,多種の原料ゴム（ポリマー）と各種の配合剤がそれぞれの部材に応じた配合により練り合わされ,使い分けされています.昔はこのゴム練り作業はすべてオープンロールで行われていた

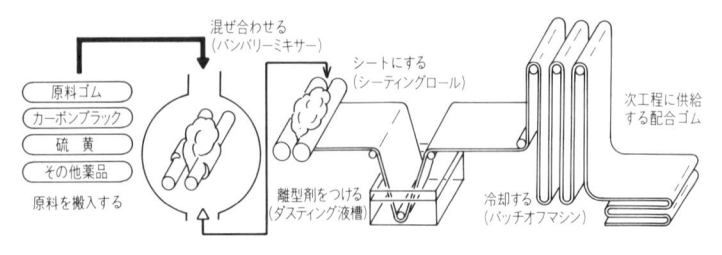

図8.2 ゴム練り工程概念図

ので，カーボンや薬品の飛散により作業者や作業場の汚れは大変なものでした．しかし現在では，インターナルミキサーが使用されており，密閉されたミキサーに原料ゴムと各種の配合剤や油がコンピュータシステムで自動的に投入，制御操作されゴムが練り上げられますので，汚れがずっと少なくなりました．この工程の概略図を図8.2に示します．なおアメリカ人のバンバリーがこの密閉型のゴム混練り機"インターナルミキサー"を発明しましたので，"バンバリーミキサー"と呼ぶ人も大勢います．

原料ゴムや配合剤の種類・量はもちろん，その投入順序や時期，どれだけ均一に混ぜ合わされたか，混練りの時間，温度等数多くの要因によって未加硫時，加硫後のゴム物性が変化しますので，コンピュータ制御をフルに活用してばらつきが小さく設定どおりの配合ゴムが得られるように努力が続けられています．

**コードの前処理**（ディッピング）

タイヤコード（簾状の糸）やキャンバス（布状の織物）の前処理（ディッピング）は，繊維材料とゴムの接着のための処理という以外に，特に合成繊維コードの場合には，その繊維のもっている性状を改質してタイヤコードとして適当なものとするための大変重要な

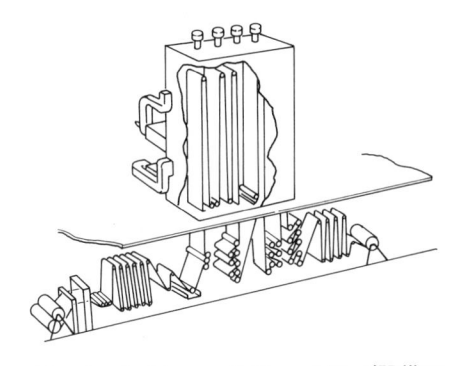

**図8.3 タイヤコードディッピング設備**[56]

工程です．

綿コード時代は，単に接着剤をしみ込ませることが目的の処理工程でしたが，現在のタイヤ用繊維コードの大半を占めているポリエステルやナイロン，レーヨンには接着剤の含浸処理と同時にコード1本あたりに約2 000gの大きな張力をかけ，しかも200〜250℃の高温下で緊張処理を行って，できるだけ伸びにくくして熱安定性も良い，最適なタイヤ用コードに改質するための重要な工程です．

そしてタイヤ製造設備の中では，けた違いに大きな設備で高さが三十数メートルにも達する乾燥塔が工場の屋根を突き抜けてそびえているのが特徴で，その概略を図8.3に示します．

### カレンダー工程（コーティング作業）

処理済みのコード反物やスチールコードの両面に薄いゴム層をかぶせて，サンドイッチ状のプライ，ブレーカ，ベルトなどの材料をつくるためのコーティング作業をするのがカレンダー（圧延ともいう）工程です．コーティングするゴムの質や厚さは用途や要求される性能によっていろいろあります．この工程で重要なのは長さ方向

と幅方向の厚さの精度で、これが悪いとタイヤの性能が落ちたりアンバランス量が増えて振動発生の原因となるので、1/100 mm の精度が要求されます。カレンダーは3本ロールまたは4本ロールのものが一般によく使われていますが、ロールの温度・ゲージなどの調整は、コンピュータにより自動制御されており、図8.4に有機繊維コード用装置概要を、図8.5にスチールコード用の装置概念図を示します。

またカレンダーは、コード・キャンバスのコーティング以外にもタイヤに使用される各種のゴムシート、スキージー（プライの補強帯状シートゴム）、ストリップ（細いひも状）ゴム類の準備にも使用されており、タイヤ工場の重要な設備の一つです。

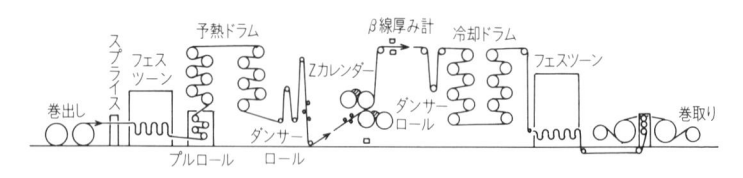

**図 8.4　テキスタイルコードカレンダー装置**[57]

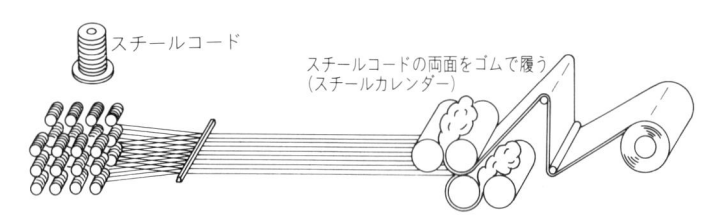

**図 8.5　スチールコードカレンダー工程概念図**

## 8.3 部材の準備

この工程は，各種タイヤのサイズに応じて必要な部材をつくる準備工程で，ビードの成型，プライ，ベルトなどのゴムつきコードの裁断，トレッド，サイドウォールなどの押し出しについておはなしします．

### ゴムつきコードの裁断

コードやキャンバスにゴムをコーティングした材料を，タイヤの種別・用途に応じた角度と幅に切り分ける作業を"裁断"と呼んでいます．この裁断工程では，本来の裁断作業のほかに，裁断した材料の上や下に"スキージー"または"インシュレーション"と呼ぶカレンダーロールで出したシートを張り合わせたり，ブレーカやベルトにクッションゴムを張り合わせて，布やポリエチレンシートのライナに巻き取るなどの作業をしています．

コーティングした材料を決められた幅や角度に切る機械は"バイアスカッター"と呼ばれ，原理的には，ⓐ紙や薄い鋼板を切るのに使う押し切りタイプのカッター，ⓑコード押さえを兼ねたビームに沿って速い速度で走るリングカッターで切っていく二つの方式があります．また，裁断装置にはコーティングした材料の大巻から巻き出したものを垂直に垂らして，押さえてから裁断する垂直（縦）型と，水平に走るコンベヤ上に巻き出し，押さえて切る水平（横）型があります．ラジアルタイヤが主流の現在では，幅や角度の精度を要求されることもあり，水平式が多く使われているようですが，図 8.6 に水平式バイアスカッター装置の概念図を示します．

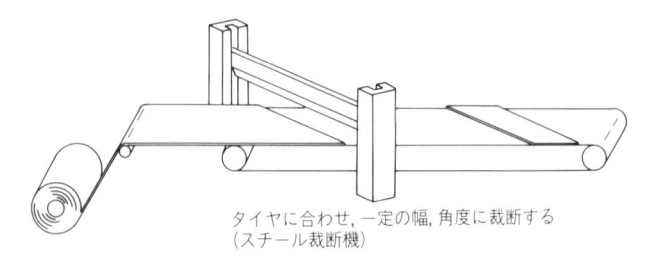

タイヤに合わせ、一定の幅、角度に裁断する
(スチール裁断機)

**図 8.6　スチールコード裁断工程概念図**


## トレッドなどの型物の押し出し

　トレッド，サイドウォールやビードフィラー（スティフナー），エイペックス，ゴムチェーファーなどある決められた断面形状をもつゴム部材の準備には押出機が使用されますが，トレッドの押出作業を模式的に描いたものを図 8.7 に示します．

　バンバリーで練り上げられたトレッド用配合ゴムを，熱入れロールで加熱しながら練って軟らかくし，押出機に供給してあらかじめ設定されたトレッド口金を通して，必要な断面形状に押し出してから冷却後，必要な長さに裁断します．

　トレッドの押出工程は，現在のユニフォーミティ（均一性）の要求が厳しいタイヤをつくる上で最も重要な工程の一つですが，それはトレッドがタイヤの全重量の半分近くを占めているので，そのトレッドにアンバランスな部分があっては困るからです．

　そのために，押し出され冷却され一定長さに切られて成型工程に送られるトレッドが，正確で均一な長さ，厚さ，形状及び重量を保つようにすることが重要です．

　トレッドの押し出しには，各種の径の押出機が吐出量に応じて使われますが，異種のゴムを組み合わせて同時に押し出す目的で多層

8.3 部材の準備

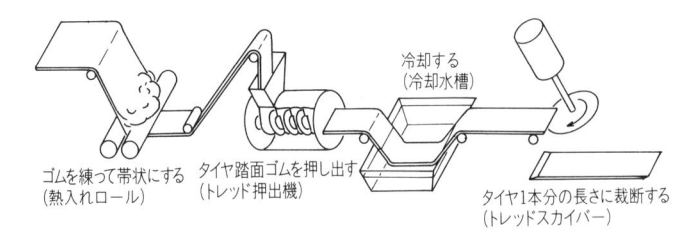

**図8.7 トレッド押出工程概念図**

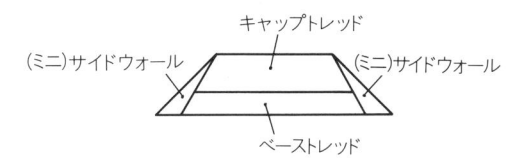

**図8.8 多層異種ゴムトレッド押出物の断面**

押出機が最近では多く使用されています．それは，2台以上の押出機よりそれぞれのゴムを必要量ずつ吐き出させ要求される形状分割とボリュームで押し出すもので，例えば，転がり抵抗を低減しながらぬれた路面上の摩擦係数も高い値に保持するために，トレッドを表面層のキャップと内面側のベースに分割して，異なった配合のゴムを配置するには，図8.8に示したトレッドの断面形状が求められます．転がり抵抗と摩擦係数だけではなく耐摩耗性と低発熱の両立を図るなど，このタイプの押し出しが一層増えるでしょう．また，押出機には前記のような熱入れを要するホットタイプと最近多く使われるようになった熱入れのいらないコールドタイプがあります．

### ビードの成型

ビードワイヤを決められた間隔と本数で並べてゴムをかぶせなが

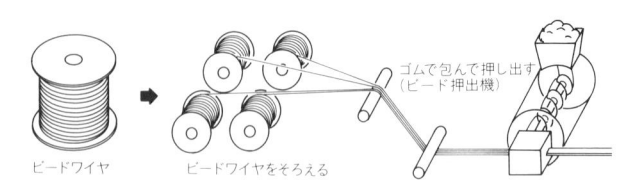

図8.9 ビード

ら押し出して，平たいリボン状のインシュレーションビードをつくり，タイヤの種別，サイズに応じて決められた内周のコアードラムに必要な段数だけ巻きつけていくのが，一般に最も多く使われているストランドビードの製造工程ですが，その装置概要を図8.9に示します．

通常は，この上にビードカバーリングテープという薄いゴム引き布のテープを巻きつけ，さらにエイペックスゴムやビードフィラー（スティフナー）ゴムをつけたり，フリッパーをかぶせたりしますが，これらの工程は別の機械または装置で行われます．

## 8.4 生タイヤの製造

これまでにおはなししてきたような工程を経て，準備された各種の部材を張り合わせて生タイヤをつくるのが成型工程ですが，タイヤの成型方法はタイヤの構造や材料によって，また，各タイヤメーカにより異なっており，ノウハウの塊といってよいほどそれぞれにいろいろな工夫が凝らされている工程でもありますので，少し詳しくおはなししてみます．

生タイヤの成型方法を基本的なカーカス構造が異なるバイアスタイヤとラジアルタイヤに分けて，成型方法を比較したものを図

## 8.4 生タイヤの製造

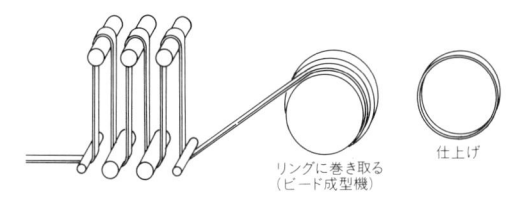

リングに巻き取る
(ビード成型機)

仕上げ

**工程概念図**

8.10 に示します．

（b）フラットフォーマー張りは，タイヤのリム径よりわずかに大きい径の円筒状フォーマー（形が似ているので"ドラム"とも呼びます）上にプライ，ビード，ブレーカ，トレッド等全部材を張りつけて円筒状の生タイヤをつくり上げます．そして加硫の際にカーカスを膨らませて（これを"シェーピング"といいます．），ドーナツ型のタイヤにしますので，コードの間隔が開いて粗くなり耐圧強度が落ちるために，あまり強度の要らない低圧使用の小型の乗用車用や小型トラック用，農業機械用などのタイヤを成型する方法です．

また（c）クラウンフォーマー張りは，生タイヤから製品タイヤに膨らます率が低いので強度を確保しやすく，必要ならプライ数を増やしてもビード部の成型が容易ですから，高圧で使われ強度が必要なトラック・バス用，建設機械用，航空機用タイヤなどの生タイヤを成型する一般的な方法で，ビード部への絞り込み作業が許す範囲でコーテッドコードの張りつけ面を大きく取った，いわゆるクラウンドラムが使用されます．

クラウンドラムを用いる場合には，プライを絞り込む作業の都合上，何枚かのプライコードをあらかじめ環状に張り合わせたもの（"バンド"といわれる．）をドラム上にはめ込み，ビードに向かって絞り込むような方法を取ります．バンドをつくるのには，別に

(a) コア張り

(b) フラットフォーマー張り

(c) クラウンフォーマー張り

(d) ラジアル第1ステージ

(e) ラジアル第2ステージ

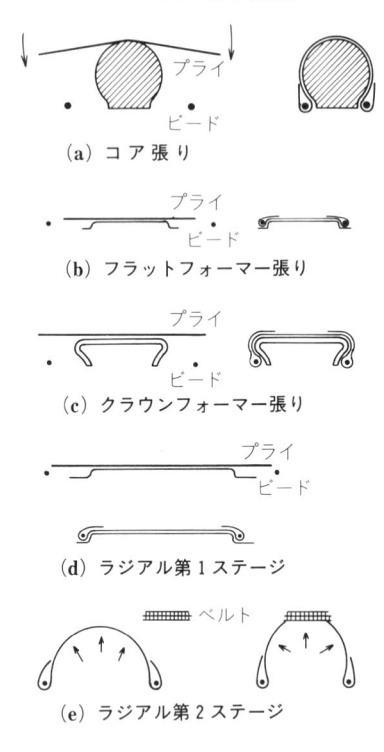

図8.10　各種成型方法比較[58]

"バンドビルダー"という機械を用いるので，成型機とバンドビルダーが組になっているのが一般的です．もちろん(c)の工程では図示してあるほかにブレーカ，トレッド，サイドウォールも張りつけます．

タイヤのプライにキャンバスを使っていた時代は，(a)コア張りで大変手間をかけて成型しなければなりませんでした．手間をかけた上にサイドウォールからビードにかけては，ひだをつくって折り

## 8.4 生タイヤの製造

畳まないとタイヤの形になりませんが，それが耐久性に悪い影響を与えたと思われます．ところが，パーマーの簾コード発明により，(b), (c)の成型方法で，ほぼ円筒状の生タイヤをつくり，加硫工程の一部としてシェーピングすると，ドーナツ状の製品タイヤができ上がるのですから大変な生産性向上になったわけです．シェーピングのときには，隣接するプライの反対方向に張り合わせたバイアスのコードが，節点はずれないで周方向には伸び，幅方向には縮むパンタグラフ変形（ひし形変形，図4.4参照）をしてくれます．

一方ラジアルタイヤの成型では，ベルトの部分が円周方向に伸びないようになっているため，バイアスタイヤのようにフラットに成型しておいて，後からシェーピング（膨らませる）というわけにいかず，どうしても製品に近い形状にしてからベルトやトレッドを張りつけなければなりません．そこで成型作業を2段階に分け，インナーライナ，カーカスプライ，ビード周り及びサイドウォールゴムはシェーピングが容易なため作業性の良い(d)第1ステージのフラットドラムで張っておき，(e)第2ステージでそれを製品寸法近くまで膨らませてからベルト，トレッド等を張り合わせる方法が一般的なつくり方です．そして，(e)工程で膨らませるときにコードとコードの間隔が均等に伸びずに，あるところだけが裂けるように開いてしまうことが，特に気温の高い時期に起こりやすくなります．これを防ぐために，プライのコーティングゴムには主として未加硫時の強度が高い天然ゴムが使われることは前にもおはなししました．

タイヤ工場の中で加硫前のタイヤの形が円筒形のものは，フラットドラム張りの低圧で使われるバイアスタイヤで，鼓型のものはクラウンドラム張りの高圧で使われるバイアスタイヤです．これに対して製品タイヤに近い形をしているのがラジアルタイヤということですから，タイヤ工場で加硫前のタイヤを見ると，その工場の成型

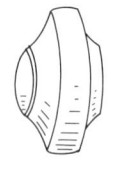

(a) バイアス　　(b) ラジアル

図 8.11　乗用車タイヤの生タイヤ形状の違い

方法やタイヤ種がおわかりになると思います．乗用車タイヤのラジアルとバイアスで生タイヤ形状がどんなに違うか，図 8.11 に略図を示しました．

　現在の成型機はバイアスタイヤ用でもタイヤ性能とユニフォーミティの要求が高度化したのに対応するため，大変大掛かりな機械となっています．ラジアルタイヤの成型機では，第 1 ステージのカーカス部，第 2 ステージのベルト，トレッド部の成型を行う別々の機械を並べて 1 組として動かすものが多いようです．1 台でカーカス部とベルト，トレッド部を連続的に成型する機械もありますが，さらに複雑な機械になります．いずれにせよラジアルタイヤはバイアスタイヤより部材数も多く，成型工程も複雑です．そしてこの成型工程で部材をどれほど精度良く張り合わせるかが，ユニフォーミティの良いタイヤができるかどうかを左右しますので，どのタイヤ会社も大変重視している工程で，成型機も自社開発し極秘扱いしているところが多いのです．

　しかし，この 10 年ほどの間に世界のタイヤ各社で新生産システム（自動成型システム）の開発が進み，特許の公開をチェックし，新システムで製造されたタイヤの市販品を観察することによって，かなりのことが分かってきました．新生産システムについては 9 章で説明したいと思います．

## 8.5 タイヤの加硫

　成型されたタイヤを，決められた加硫機に取りつけたモールド（トレッドパターンやサイドの模様，刻印文字，商標などが型つけされた金型）に入れ，内部からの圧力でモールド内面に押しつけると同時に，内外面から蒸気や温水など熱媒体で加熱して規定の時間を経過すると，タイヤ全体に加硫反応が進行して，弾性をもつ安定した加硫ゴム構造体に変身し，製品タイヤが誕生します．

　加硫機は"バゴマチック（商品名 BAG-O-MATIC）"や"オートフォーム（商品名 AUTOFORM）"などと呼ばれる全自動加硫機が普及しており，生タイヤの挿入，製品タイヤの取り出し，搬送に至るまで完全な無人操作が行われ，作業者は生タイヤの準備と監視がほとんどで，加硫場に作業者はほとんど見られません．

　また，合成繊維は多かれ少なかれ熱い状態で放置すると縮もうとする性質がありますので，加硫直後の熱いタイヤをそのまま放置すると縮んで小さくなってしまいます．ですから合成繊維を使用したバイアスタイヤや乗用車用，小型トラック用ラジアルタイヤでは，製品タイヤの寸法やトレッド部の形状を設計目標どおりに安定してつくるため，加硫直後のタイヤに空気圧を張って膨らませたまま冷却する装置（"ポストキュアーインフレーター"といいます．）が取りつけてあります．

　タイヤモールドには主にバイアスタイヤに使われている上下割りのフルモールドと，ラジアルタイヤに多く使われている割モールドがありますが，割モールドとは金型を周上6〜9個に分割したもので，それに使用される加硫機と割モールドの作動状況概念図を図8.12に示します．フルモールドですとラジアルタイヤでも少しは生タイヤを膨らませてモールド内面に押しつけなければなりません．

214　　　　　　　　　　8. タイヤの製造と設備

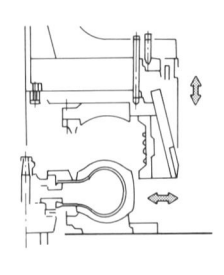

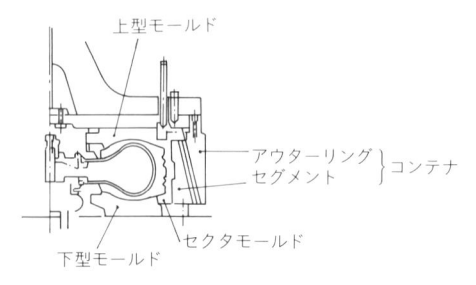

(a) 開いた状態　　　　　　(b) 閉じた状態
図8.12　割りモールド作動図[59]

するとベルトがパンタグラフ変形を起こして，ユニフォーミティの良いラジアルタイヤができにくくなります．そこで生タイヤは膨らまさずに，モールドのセグメントが寄っていき，トレッドゴムだけを変形させてパターンをつけようというために，複雑な割モールドを採用しているわけです．ユニフォーミティの良いタイヤをつくるためには，もちろん割モールドの採用だけでなく加硫機自体の精度，加硫機とモールドの芯合わせ等すべての要素をきちんと精度よく維持，管理することが必要です．

## 8.6　タイヤの仕上げ

加硫を終えた製品タイヤは，モールドとの間の空気を抜くために金型にあけられた穴（ベントホール：vent hole）に，ゴムがはみ出したひげのようなベントスピュー（spew）とモールドの上下の割り位置や，割モールドセグメントの合わせ位置部に，はみ出しゴムがついているので外観上これらを取り除かなければなりませんが，近代的な工場では自動仕上機を導入しているところが大半のようで

す．そして通常の仕上げを終えたタイヤは，外観などの検査員の官能による全数検査を受け，欠陥をチェックして不良品を取り除き，さらに乗用車用タイヤ，トラック・バス用タイヤ，航空機用タイヤなどはアンバランスの測定，選別をするためバランサーが，また乗用車用タイヤとトラック・バス用タイヤではユニフォーミティを測定，選別するため，ユニフォーミティマシンがラインに組み込まれています．

# 9. 今後の展開

この章では，タイヤに対して今現実に求められているいろいろな事項と将来タイヤはどうなるか，こんなことができないかというような話題がテーマです．

## 9.1 開発の成果

本題に入る前に 1990 年代から 10 年ばかりの間に達成され，今後の展開に大いに役立つと思われる重要な開発の成果についておはなししたいと思います．そして重要な開発成果として，だれも異論がないのは，

① シリカの活用
② ランフラットタイヤ
③ 新成型システム（全自動成型システム）

の 3 つだと思います．それに

④ その他の開発成果

を加え，それぞれについて概略説明します．

### シリカの活用

シリカ（珪素）は元素の周期律表で見るとわかりますが，炭素と同族で性質が似ていますので，ゴムへの補強効果も捨てたものではありませんし，摩擦係数が高くしかも転がり抵抗が小さいゴムが得られるというメリットがあるため，薬品会社やタイヤ会社がそれぞ

れ研究開発を続けていました．

1968年ころ，ヨーロッパのあるタイヤメーカーがブルーの大変きれいな冬用タイヤを発売したことがありました．このタイヤはゴムの補強にカーボンブラックを使わず，ゴムと結合しやすいようシラン処理をしたシリカを補強剤に使用し，顔料を配合して着色したトレッドゴムで，雪道や氷上でのブレーキ性能が良く，対摩耗性等の耐久性能も良いレベルにあるということでしたが，やはり対摩耗性の不足は争えず，一冬であえなく消えてしまいました．たぶん対摩耗性が普通のトレッドゴムの半分くらいだったろうと推定しています．

しかし，その後研究開発が進み，二酸化珪素の微粉末である合成シリカと共に，分散性や補強性を改善するためのシランカップリング剤を併用することによって，ゴムの特性を飛躍的に上げることができるようになりました．その一例を表9.1に示してあります．注目されるのは従来の配合手法ではWetブレーキを良くすると転がり抵抗が大きくなるのが常識でしたが，シリカ配合では両立が可能ということで，既に広汎に使用されるようになりました．コストとゴム練りの難易等を考慮して，カーボンブラックとの併用が一般的です．

**表9.1** シリカ配合タイヤの性能例

| | 項　　目 | シリカなし | シリカあり |
|---|---|---|---|
| 配 | 溶液重合 SBR | 100 | 100 |
| | カーボンブラック | 50 | 10 |
| 合 | シリカ | — | 40 |
| | シランカップリング剤（TESPT） | — | 3 |
| タイヤ | Wet ブレーキ | 100 | 105 |
| 性能 | 転がり抵抗 | 100 | 81 |

## 9.1 開発の成果

　エネルギー問題，排気ガスに関連した環境問題の両面から，自動車の燃費改善が厳しく求められている現在，シリカの活用は大きな開発成果と誰からも認められると思いますし，今後も一層の改良を加えながらより広く使用されることでしょう．なお表 9.1 には記載してありませんが，対摩耗性は通常のカーボンブラック配合と同レベルです．

　シランカップリング剤はシリカとゴム分子を化学的に結合させることによって補強性を上げるための薬品で，多くの種類がありますが，タイヤ用には主にビス-(3-トリエトキシシリルプロピル) テトラスルフィド (TESPT) が用いられています．図 9.1 に TESPT とシリカ及びポリマー (ゴム分子) との反応を示します．

　また，シリカ配合用のゴムとしてポリマーの末端をシリカと反応できるように変性したものが何種類も開発されています．図 9.2 にその一例としてアルコキシシラン変性方法が示されています．このように合成ゴム製造工程の中のポリマー重合時にアルコキシシランを付加しておけば，高価なシランカップリング剤を使用しなくても，同程度の性能が得られます．ポリマー変性に使われるアルコキシシラン変性剤の量は重量比でゴム 100 に対して 0.1〜0.2 であり，ゴム配合で用いられるカップリング剤の量が同じく 3〜5 であるのに比べてごく少量で済み，コスト上のメリットが大きいのです．もちろん，シランカップリング剤を併用すればさらに性能を向上することができます．

　シランカップリング剤を多少ぜいたくに使えば，コストは上がりますが，カーボンブラックを併用しなくてもほぼ十分な対摩耗性も得られるようになりましたので，カラータイヤを製造する技術は出来上がったことになります．p.23 の囲み記事ではカラータイヤの製造販売について Yes & No と答えましたが，ミシュランが注文

## 9. 今後の展開

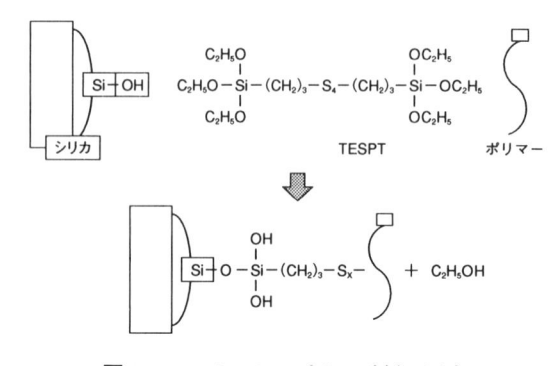

**図 9.1** シランカップリング剤の反応

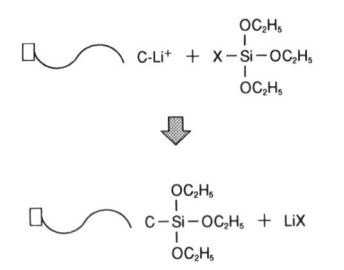

**図 9.2** ポリマー末端のアルコキシシラン変性

生産という形で既に販売しているそうです．ただし，トレッド全体ではなくリブ1本だけをカラーにするということのようです．

　カラータイヤに対してNoと答えるのは，いろいろな色のタイヤを生産し，在庫しておくことのコストに耐えきれないと思うからです．ミシュランの注文生産はこれをカバーする一つの方法と思います．

## ランフラットタイヤ

　タイヤがパンクして空気が抜けてしまってもかなりの距離を走行できるタイヤを，ランフラットタイヤと呼びます．海外ではBMWが既にかなりの車種に正式採用しており，数年中には全車種に装着する計画といわれています．日本車でも高級・高速仕様の車種には採用されているものがあり，増加していく傾向にあります．なおランフラットタイヤは，まだ正式に規格化されていませんが，数年前に運輸省（現，国土交通省）から示されたガイドラインでは，空気圧ゼロ，速度90 km/hの連続走行で80 km走行可能なことが求められています．

　パンク発生の頻度は環境条件の変化により表4.3のように年々減少して，1998年では7.2万kmに1回というデータになっています．このようにごく低い確率ですが，高速走行中に発生すると危険な状況に陥る恐れがありますので，パンクしてもしばらくは走れるタイヤが長い間待ち望まれていました．ランフラットタイヤが使えるとパンクした場合にも，路上でタイヤ交換する危険を回避でき，速やかに安全な場所に移動してから処置することができます．

　通常のタイヤはパンクするとタイヤがつぶれ，リムが路面に接触するため走行できなくなりますが，ランフラットタイヤは空気が抜けてもタイヤがつぶれないように工夫して，時速80 km/hで100 km程度は走行可能な機能を持たせたタイヤです．つぶれないための工夫として従来から2つの方法が採られています．1つはタイヤのサイドウォール内面に硬めのゴムを貼り付けるサイド補強方式で，もう1つはタイヤ内部に荷重を支える中子を入れておく方式です．

　図9.3はブリヂストンが開発を進めてきたサイド補強方式の断面略図です．図を見てわかるように通常のタイヤに比べてサイド部のゴムが大幅に厚くなっており，このゴム部が空気が抜けても荷重を

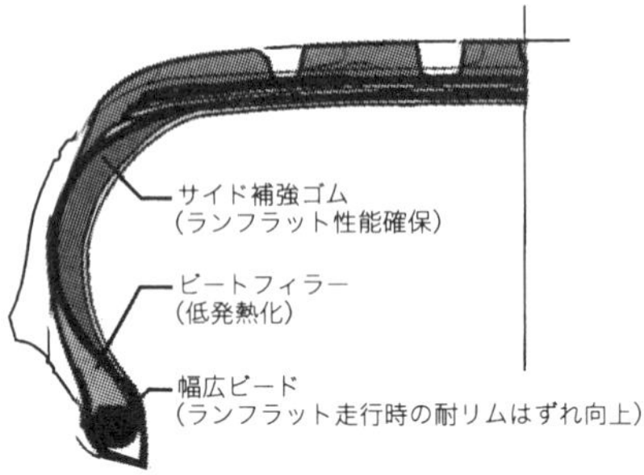
サイド補強ゴム
(ランフラット性能確保)
ビートフィラー
(低発熱化)
幅広ビード
(ランフラット走行時の耐リムはずれ向上)

**図 9.3**　サイド補強式ランフラットタイヤ（ブリヂストン）

支えてタイヤがつぶれるのを防ぎます．この機能を持たせるため，サイド補強ゴムには弾性率が高く耐屈曲性の優れたゴム質を使用する必要がありますので，タイヤメーカー各社は独自の配合技術を駆使して開発にしのぎを削っています．それでもこのタイプのランフラットタイヤは通常のタイヤに比べると，重くて乗り心地が劣る傾向にあるのはやむを得ないところです．しかし通常のホイールに装着できますし，通常のタイヤチェンジャーも使用可能という利点があります．

中子（なかご）方式の例として，図 9.4 にミシュランが熱心に開発してきた PAX タイヤの断面図を示しました．このタイヤは，通常のタイヤと大幅に異なるタイヤ形状とリム／ホイールの形状を採用し，内部には射出成型したプラスチックの中子を挿入しています．パンクしていない時のタイヤ性能は，通常のタイヤとあまり変わらないという長所があります．しかし，中子重量が重いため乗り心地を損なう欠点と，特殊な形状のリムを使用しているため，普及に制約がある

9.1 開発の成果

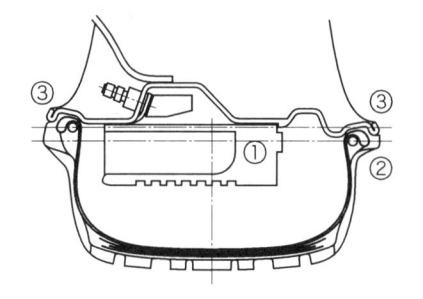

① 射出成型されたプラスチックのフレキシブルな中子
② パンクしてもリム外れしないよう形状等を工夫
③ 中子を着脱できるよう内外のリム径が異なる

**図 9.4** 中子式ランフラットタイヤ（ミシュラン）[60]

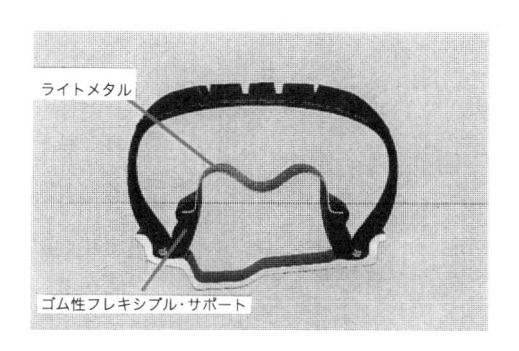

**図 9.5** 中子式ランフラットタイヤ（コンチネンタル）

と思われます．
　コンチネンタルが提唱するランフラットタイヤシステムは，中子方式の欠点をかなりカバーしていると思われます．図9.5をご覧下さい．通常のタイヤの内側に Conti Safety Ring（CSR）と称するごく簡単な中子の役割を果たすものを挿入してあります．CSRは，

薄い金属板のライトメタル部をゴム製のフレキシブルサポートと接着して一体化してあります．普通のリム組み機で通常のリムに装着できると説明しています．そしてパンク時にはCSRが荷重を支えると共に，タイヤのビードをリム上に固定するので，空気圧が0になっても200 kmまで走行可能としています．パンクしていないときの性能は通常のタイヤと変わらず，リムは通常で重量も比較的軽いなどの利点があるようですから，CSRがうまく作動し，コストもさほどでなければ，このタイプも有力な候補といえるでしょう．どのタイプが主流となるかはともかくとして，ランフラットタイヤが沢山の新車に装着されるようになったのは，自動車メーカー側の努力ももちろんですがタイヤメーカー各社の大きな開発成果といっていいのではないでしょうか．

　ランフラットタイヤに共通して言えるのは，どのタイプも空気が抜けてしまったときドライバーがそれに気づきにくいと言うことです．したがって，空気が抜けたことをドライバーに知らせる"空気圧警報装置"が是非とも必要になります．3.2タイヤの安全基準で説明しましたように，アメリカの安全基準見直しでランフラットタイヤ装着車に限らず，総重量1万ポンド以下の全車両に空気圧警報装置を義務づけることになるようです．この警報装置には主として，無線方式とABS（Anti-lock Brake System）を利用する方式の2つが検討されています．

　無線方式は空気圧を感知するセンサーチップをタイヤの内部やバルブに付けておき，情報を無線で飛ばして警報を出す方式で，精度が高いのですがコストも高いという長所短所がありますし，少なくとも日本の電波法の規制では飛ばせる距離が短かすぎるという難点もあります．

　ABS利用方式ではABSに使われているMPUチップを利用し

てタイヤの転がり半径を求め,これがある値を下回るとパンクと判断して警報を出すものです.この方式はコストが安く済みますが精度が無線方式には劣りますし,タイヤを外径が小さいサイズに取り替えれば警報が出っぱなしになりかねないという心配もあります.電波法の規制がどうなるかの点も含めてこの2方式の開発競争が続けられることでしょう.

### 新生産システム

1990年代にミシュランが従来とかなり異なったタイヤ生産方式 (C3M) を開発し,その後ピレリも同じような考え方の生産方式 (MIRS: Modular Integrated Robotized System) を完成させて両社とも生産を開始しています.その他のタイヤメーカーや機械メーカーでも同種のシステムの開発が進んでいるようです.

両社ともその新生産システムは,次のような点が従来と異なっています.

① 8章の8.3(部材の準備),8.4(生タイヤの製造(成型)),8.5(タイヤの加硫)の部分をコンパクトにして1か所にまとめてある.

② 8.4ではタイヤ内面とはかなりあるいは多少異なる形状のフォーマー,あるいはコアが1つの位置から動かないのに対し,新システムでは,タイヤの内面と全く同じ形状のコアが次々に違う位置に移動しては違う部材が張り付けられる.

③ 従来のようなトレッドの形に押し出したゴムやベルトの角度・幅に裁断したゴム付きのスチールコードなどの部材が供給されるのではなく,必要な種類のゴムとコードが供給される.

④ ゴム部材は,押出機でリボン状に押し出し,必要な断面形状になるようコア上に巻き重ねる.繊維材料は,10〜20本程度

を巻き出して，ゴムと共に押し出してから所定の角度と長さに裁断しコア上に並べていく．ビードは，ゴム付きのスチールコード1本をコアの5～10回程度ぐるぐる巻き付ける．

⑤ 加硫では，コア上に成型された生タイヤを全く膨らますことなく，外側から分割したモールドを押しつけてトレッドパターンを形成する（ピレリ社は僅かながら膨らましているのではないかとの見方もある.）.

⑥ その間，人手は介在せずコンピュータ制御のロボットが全ての作業を行う．

このような生産システムの基本的なアイデアはかなり以前からよく知られていましたが，開発の成果が得られたのはもちろん個々の企業，個々の技術者の努力の賜で，リード役となった両社に敬意を払いたいと思いますが，コンピュータの進歩とそれによって可能となったロボットの進歩も大きな役割を果たしたと思います．

図9.6にピレリ MIRS のレイアウトを，図9.7にベルト張り付けの状況を，また図9.8に製品タイヤの断面を示してあります．上の説明と突き合わせてみてください．R はロボットで1から8まで．E は押出機で1から9まで．A，B は2サイズ同時生産の A サイズ，B サイズ．STN はステーションの略でロボット間の中継となるコア置き台．ピレリはこの設備で2サイズを併行生産できるとしています．ピレリ社の MIRS に関して次のような点が注目されます．

① ピレリ社の公表によると自社の従来の生産システムと比較して，製造コスト25%，必要スペース80%，サイズ切り替え時間95%を削減，一方人的生産性は80%上昇．また1モジュール当たりの年間生産能力は125 000本で必要投資金額は6.25億円．

9.1 開発の成果

R1〜R8：ロボット．
A, B：2サイズ同時生産のAサイズ，Bサイズ．
STN：ロボット間中継のコア置き台．
E1〜E9：押出機

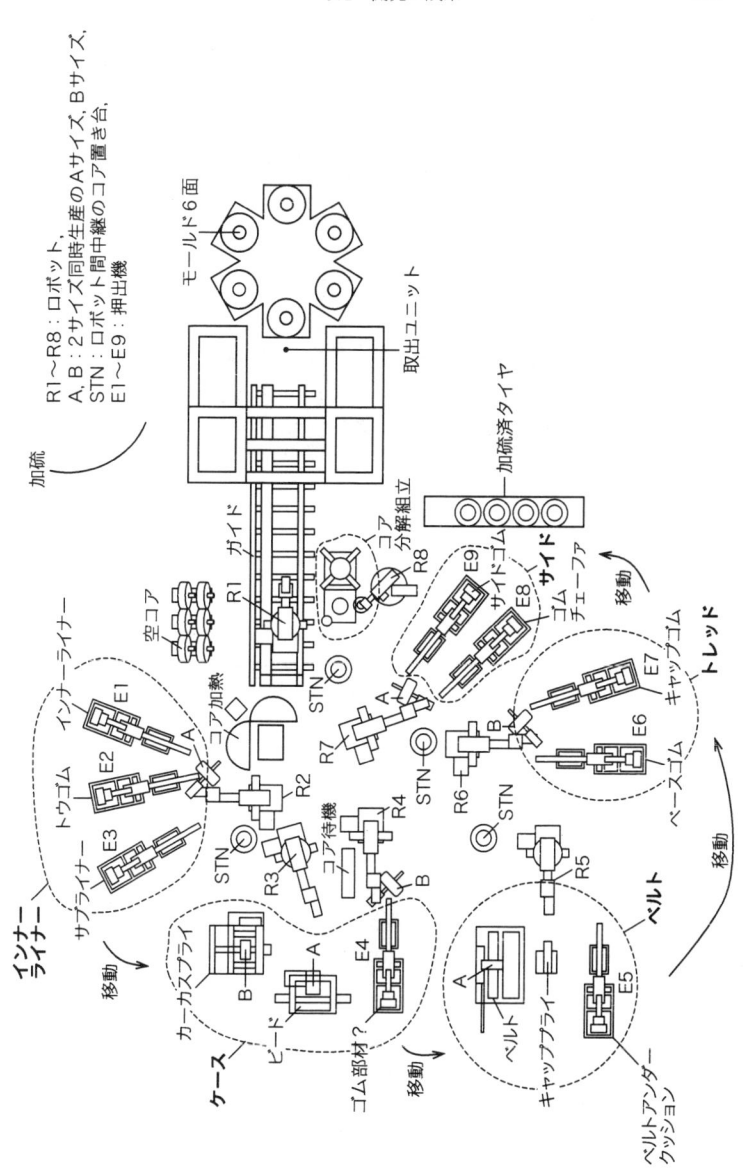

図 9.6 新生産システム MIRS のレイアウト（ピレリ）[61]

228    9. 今後の展開

図 9.7　MIRS ベルト張り付けの状況

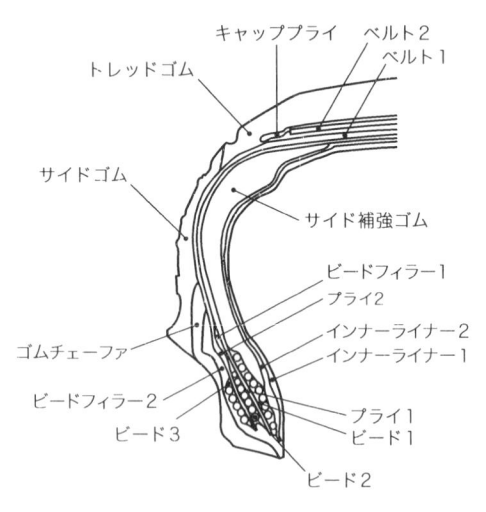

図 9.8　MIRS 生産タイヤの断面図[62]

## 9.1 開発の成果

② ゴム練り工程は含まず，カーカスやトレッドなどの材料加工工程から成型及び加硫工程，最終の検査工程までが1つのモジュールとして設計されているとのことです．

③ 材料加工工程と成型工程が連続した工程になっているため，部材の在庫がなく省スペース化を実現していることになります．

④ 完全自動化されていることと，加硫時に全くあるいはごくわずかしか生タイヤを膨らまさないので，ユニフォミティやバランスも含めて製品品質の均一性が高いはずと思われますが，現品で確認できた限りではミシュラン社もピレリ社もさしてユニフォミティやバランスがよいとはいえないようで，今後の課題になると思われます．

⑤ ピレリ社は，このシステムで BMW Mini Cooper 新車装着用ランフラットタイヤを生産しており，高性能タイヤの生産に活用していくのではないかと思われます．

⑥ このシステムは，小ロット，省スペースのモジュール単位で建設できるため，ユーザーへの隣接地に設置することや小単位で能力拡張が行いやすいという利点もあるようです．

また一方では，次のような欠点もあります．

① ゴムは非圧縮性ですから金属のコアと金型の間にあるスペースと生タイヤの体積が，正確に一致しないといいタイヤを加硫することができません．したがって，いったん生産を始めた後で内部構造や各部の厚さを変えることには，厳しい制約がありこの点からはフレキシブルとはいえません．

② プライコードをビードワイヤの周りに巻き上げるような構造は採れませんので，タイヤの横剛性が低い傾向にあります．

③ サイズ切り替えはごく短時間で可能という説明ですが，配合ゴム種も変更する場合はかなり面倒なのではないかと思われま

す.

いずれにせよ定常作業が全自動の生産システムが開発されたことは,大変大きな進歩で高く評価できると思います.タイヤ産業の将来に大きな変革をもたらすのではないかと思います.

**その他の開発成果**

その外にも重要な開発成果がありますが,ここでは①スチールコード,②トラックタイヤの新サイズ,③超々大型建設機械用タイヤの3つを簡単に紹介しましょう.

**(1) 高強力スチールコード**

環境問題への対応として,タイヤを軽量化して転がり抵抗を低減することが重要なテーマとなっています.軽量化のためには主要繊維材料となっているスチールコードの高強力化が有効な手段ですから,図9.9にみられるように地道に高強力化の努力が積み重ねられ

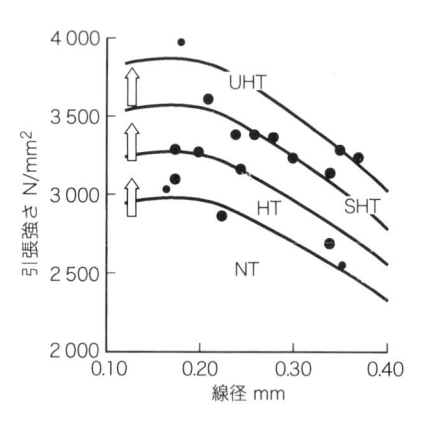

図9.9 実用化されているスチールコードの引張強さ

## 9.1 開発の成果

てきました．初期のNT（normal tensile）からHT（high tensile）へと進み，最近ではSHT（super high tensile）が実用材として採用され，さらに一部では4000 MPaクラスのUHT（ultra high tensile）の適用も始まっています．高強力スチールコードを使用することにより，単にスチールコードの使用量を減らせるだけでなく，コード構造の簡素化等も併せ，タイヤの軽量化を通じて，転がり抵抗低減に貢献しています．

高炭素鋼の重要成分であるカーボンC%を従来の0.72%から0.82%，さらには0.90%に上げ，クロムCrも添加した鋼材を使用し，伸線加工量を増やすことや熱処理方法の改善も併せてこのような高強力化を達成してきました．今後も一層の高強力化が図られることでしょう．

### （2） トラック複輪タイヤの単輪化

大型トラック・バスに対して輸送の安全性を確保した上で輸送効率を向上するよう求められていますが，さらに環境面でもリサイクル性や低騒音，低燃費への貢献も重要な課題となっています．そこで車両側で低床化やインホイールモーターなどを活用したハイブリッドバス等の開発が進められています．

タイヤ側にも低燃費・省資源の実現に貢献できるタイヤの開発が求められており，その1つとして現在駆動軸に片側2本のタイヤを使用しているところを，1本でまかなえるワイドの超偏平タイヤの開発が進められています．

図9.10が複輪と単輪の比較図，図9.11はタイヤの外観写真です．タイヤの総幅が複輪対比狭くなりますので，足回りのスペースに余裕ができますから，シャーシーの幅を広げて車両の安定性を向上したり，エアーサスペンションやインホイールモーターの採用等次世代大型車の設計自由度を格段に広げることができます．また，低床

232   9. 今後の展開

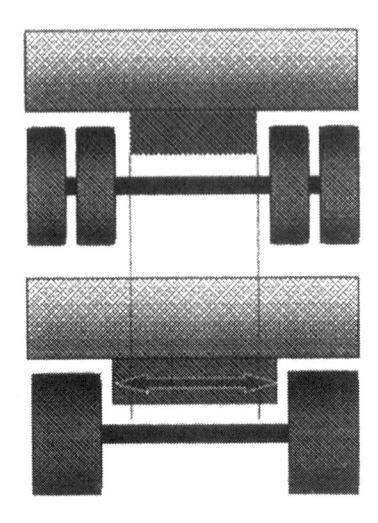

図 9.10　複輪の単輪化

図 9.11　単輪化したタイヤの外観（ブリヂストン Greatec）

## 9.1 開発の成果

バス等ではタイヤハウスの幅が狭くなりますので,通路を広くとれますから車いすの移動を楽にすることもできます.

2本を1本にするため超偏平のワイドタイヤとなりますので,ベルトにかかる張力が増大し走行時の変形が小さくなって,エネルギーロスが減り,転がり抵抗の減少,したがって燃費の改善につながります.タイヤ2本+ホイール2本がタイヤ1本+ホイール1本となりますので,1軸当たり80 kgから100 kgもの軽量化が可能となり,トラックの積載量が増やせるので輸送の効率化につながります.また,タイヤに使用するゴム量も少なくて済み省資源をはかれますし,使用済みタイヤを廃棄する場合のゴム量も20%以上減少します.

現在,日米欧のタイヤ各社がそれぞれ開発中で,ブリヂストンが欧州で,ミシュランが北米で市販を開始しており,コンチネンタルもトラックショウ等に出品しています.パンク時の対処法も併せてトラックメーカーの承認もおりたそうで,まだ新車に装着されるには至っておりませんが,ここ5〜10年の間に急激な普及が見込まれています.

### (3) 超々大型建設機械用タイヤ

図9.12は1997年から2005年にかけての超大型ダンプトラック市場動向を示したものです.海外で200トンダンプが普及し始めてそれに使用されるバイアスタイヤ40.00-57の大きさに驚いたものですが,現在のメインサイズとなっている同サイズのラジアルタイヤ40.00 R 57が漸減傾向に入り,300トンを超える超大型ダンプ,更には400トン級超々大型ダンプが拡大しつつあり,タイヤも超々大型の59/80 R 63が開発されました.表9.2はタイヤ諸元の簡単な比較で,その巨大さがおわかり頂けると思います.

これまで車両の大型化に伴うタイヤ負荷能力の増大要求に対して

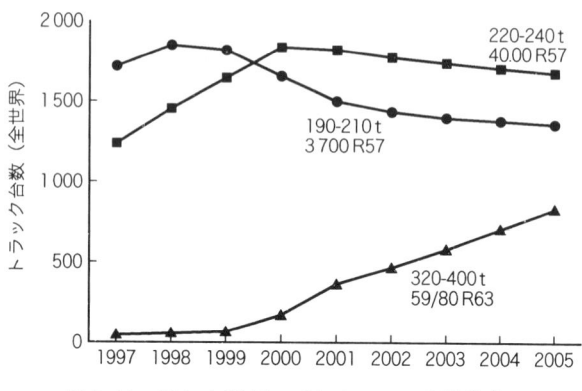

**図 9.12** 超々大型ダンプトラックの市場動向

**表 9.2** 超々大型建設機械用ラジアルタイヤの諸元

|  | 乗用車タイヤ | トラック・バスタイヤ | 建設機械用タイヤ ||| 
|---|---|---|---|---|---|
|  |  |  | 現有メインサイズ | 従来最大サイズ | 新規超々大型 |
| サイズ | 205/60R15 | 11R22.5 | 40.00R57 | 55/80R63 | 59/80R63 |
| タイヤ外径 (mm) | 627 | 1 052 | 3 574 | 3 912 | 4 025 |
| タイヤ幅 (mm) | 209 | 279 | 1 127 | 1 379 | 1 470 |
| タイヤ質量 (kg) | 10 | 55 | 3 600 | 4 600 | 5 200 |
| 許容荷重 (kN) | 6.0 | 26.7 | 588.0 | 926.1 | 1 020.1 |

は,タイヤサイズを大きくすることで対応してきました.しかし,タイヤ外径が大きくなると車両の重心位置が高くなり,操縦安定性を阻害するため,超々大型タイヤはこれまでの超大型タイヤよりも偏平化し,小さなエアボリュームで大きな荷重を負担することによって外径を抑えています.その結果タイヤにとって大変厳しい使用条件となりますので,次のような工夫が凝らされました.

一般的に鉱山等で使用される建設車両用タイヤは，乗用車用タイヤ等に比べるとタイヤの摩耗寿命が短く，また50％に近い割合でカット系故障が発生します．この悪路走行による早い摩耗とトレッドの損傷に対して少しでも寿命を延ばすために，他の種類のタイヤよりトレッドが厚い設計になっています．そうすると走行時のタイヤ温度が高くなり内部故障が発生しやすくなります．特に超々大型タイヤではこの傾向が著しくなるため，トレッドに低発熱性で耐摩耗，耐カット両方に優れたゴムが使用されています．さらに耐カット貫通性を上げるためベルトには非常に太く破断強力の高いスチールコードが適用されています．

またベルト角度を従来よりもっと周方向に近くとってタガ効果を上げベルトセパレーションを防止し，ビード部の形状も変更してリムとの滑りを防止するなど構造面で配慮されています．極限に近い厳しい条件で使用される超々大型タイヤの開発で得た新技術や経験が他の種類のタイヤ開発に好ましい波及効果を及ぼすに違いありません

## 9.2 いま何が求められているか

**環境問題**

現代社会で企業が存立するためには環境問題に真剣に取り組む必要があります．タイヤ業界にとって最重要な環境問題は①地球温暖化対策と②リサイクルの推進による廃棄物削減と省資源の2つと考えます．もちろんタイヤ騒音の低減等も重要テーマですが，ここでは2つの項目について説明します．

**（1） 地球温暖化対策**

タイヤ生産活動の中で徹底的な省エネルギーを進めるのは当然の

ことですが，温暖化対策の中でも重要な項目となっている自動車の燃費改善のため，引き続きタイヤの転がり抵抗低減に努めなければなりません．これに役立つ技術が次々に開発され実用化されていることは既におはなししました．地道にこれらの技術のレベルアップを続けるとともに，新しいアイデアによる新技術の開発にも努力が必要です．

### （2） リサイクルの推進

日本の用済みタイヤの発生量は年々増加しており，2000年の総発生量は1億1200万本，製品重量で103万トンに上っています．図9.13はそのリサイクル状況を示したもので，タイヤの形のまま

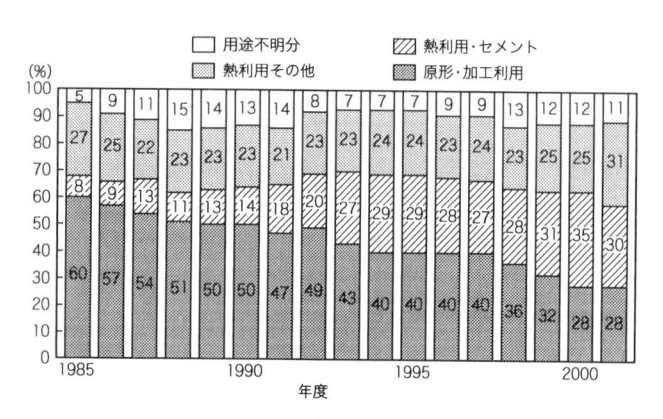

**図9.13** 使用済みタイヤのリサイクル状況[63]

**表9.3** 用済みタイヤの利用先（2001年）[63]

| 利用先 | 輸出 | セメント | ボイラー | 再生ゴム | 更生台 | 金属精練 |
|---|---|---|---|---|---|---|
| 量（千t） | 120 | 316 | 70 | 98 | 43 | 30 |
| 比率(%) | 11 | 30 | 7 | 9 | 4 | 3 |

## 9.2 いま何が求められているか

あるいは加工して再生ゴム等に利用される比率が低下傾向にあるのが気がかりですが，セメント焼成用の燃料兼原料に30%が利用されるなどが効いて，発生量の89%が活用されています．

2001年の主な利用先別の量と比率は表9.3のとおりです．このような利用に際しての利用技術改善への協力や新しい利用先開発の努力が必要です．

しかし何といってもまず原形加工利用分を増やすこと，その中でも更生タイヤとしての利用を進めることが必要ではないでしょうか．そこで少し長くなりますが，ここでJISも含めて更生タイヤのおはなしをしておきたいと思います．

更正タイヤは，トレッドゴムがすり減っただけで他の部分には異常のないタイヤに，新しいトレッドゴムを張り付けて加硫し再使用できるようにしたタイヤのことです．何だ「山かけタイヤ」のことかと思う方もいるかもしれません．

しかし4.1節（p.94）でおはなししましたように，旅客機のタイヤは何回もトレッドを張り換えて使用されますから，大部分が更正タイヤです．もちろん航空機メーカーが定めた規格，航空会社の要求に従って厳格な品質管理と試験を重ねて，安全が保証された製造方法で生産され厳重な検査に合格した更生タイヤだけが使用を許可されます．

物不足の時代はトラックやバスはもちろん，一般の乗用車も更生タイヤを沢山使用していましたが，現在では路線トラック，都市バス，タクシー等主として舗装路を走行する営業車が経済性の面から更生タイヤを使用しているに過ぎません．更正タイヤの台タイヤとして活用される使用済みタイヤの割合は，残念ながら減少傾向が続き2001年には4%まで落ちこんでしまいました．

自動車に使われる更生タイヤに関してはJISに規定があります

ので，大切な項目を簡単に紹介しておきます．

① **更生タイヤ**（JIS K 6329：1997，1998年の追補1を含む）

更生タイヤの性能を保証するための必要条件としてトレッドゴムの引張強さ，伸び，はり替えたトレッドと台タイヤとのはくり強さおよびカーカス間のはくり強さが規定されています．そのほかにも次のようなことが定められています．

・台タイヤにあってはならない異常（カーカス部の過度の裂傷，ビードワイヤの折損等，過度の摩耗，プライセパレーション，その他）
・更生回数（原則として1回だが，台タイヤの状態がよければ回数を増やしてもよい）
・加工方法（更生しようとする台タイヤのトレッドゴムを除去し，JIS K 6370に規定する1種の練り生地を張り付けて加硫するなど）

表示についてやや詳しく述べますと，新品と同じ表示の他に，

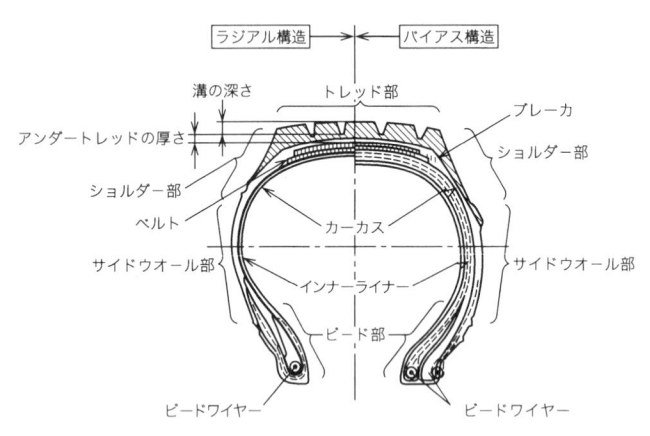

**図 9.14** 更正タイヤの断面の一例

9.2 いま何が求められているか　239

リサイクル台タイヤ使用　　　　RECYCLE TYRE

**図 9.15**　表示例（JIS マーク表示認定工場のみが表示できる）

・更生タイヤを示す略号Ⓚ
・更生タイヤであることを示す"リサイクル台タイヤ使用"または"RECYCLE TYRE"（省略することができる．また，英文字は大文字，小文字どちらでもよい）（図 9.15）．
・2 回以上更生した場合は，その回数を示す数字を表示するように定めてあります．

② **更生タイヤ用練り生地**（JIS K 6370：1999）

　タイヤの更生もしくは修理又はチューブの修理に用いる未加硫のゴム練り生地に要求される性能条件を規定しています．

ここで注目されるのは，JIS K 6329 が最初に"目的付記 JIS マーク表示制度を導入した規格"だということです．そして，"リサイクルを示す表示は，地球環境保全という重要な政策課題を具現化するため，リサイクル製品の普及を図るものであるから，JIS マークの近傍に表示することが重要である"と解説しています．更生タイヤの利用を広げることは新品タイヤと競合する場面もあるかと思いますが，リサイクルに一番有効な用途ですからタイヤ業界でも真剣に取り組む必要があるでしょう．

次に将来大量使用の可能性を持つ用途として，道路舗装材への利用が考えられます．廃タイヤを切削して作られるゴムチップをウレタン樹脂で固めた舗装を多孔質弾性舗装と呼んでおり，最も車両走行騒音を抑制できる舗装の一つです．この舗装は舗装体内部にすき

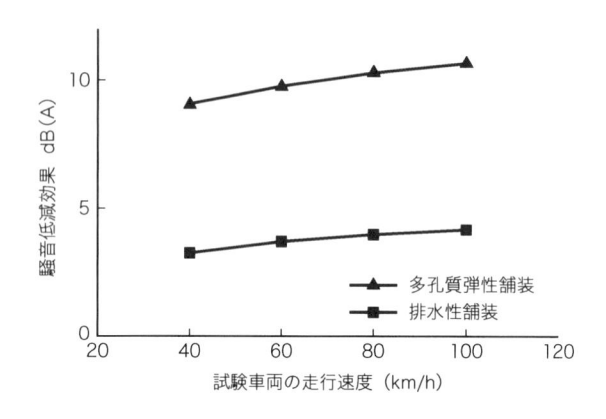

**図 9.16** 多孔質弾性舗装の騒音低減効果

間が体積比で 40% 程度（排水性舗装の約 2 倍）もあるため排水が良くスリップしにくいということのほかに，このすき間がタイヤと路面が接触する際に空気が圧縮・膨張されて発生する音を抑制します．ゴムを主材料としていますので当然弾性に富み，走行車両のタイヤが路面をたたく衝撃を吸収しますので，図 9.16 のように大きな騒音低減効果が得られます．

この多孔質弾性舗装の泣き所は通常のアスファルト舗装に比べて 2 倍以上のコストがかかることで，拡大が進んでいません．ゴムチップの標準化も含めてコストを下げることに全力を傾ける必要があります．また使用実績が不足しており耐久性関連のデータを積み重ねて，問題点の把握とその解決に努める必要があります．

**安全問題**

タイヤの安全基準（3.2 節）のところでおはなししましたように，

Ford Explorer の事故多発を契機として米国が既存の自動車安全基準の見直しが行っています．世界中の多くの国がこれに追随して今までよりも多くの項目，より厳しい条件の検査や試験を規定することになると思います．

まず各国の安全基準を満たすことが必要です．主として品質管理の分野と思いますが大変な作業量になることは間違いありませんし，試験条件の厳しさ次第では新しい技術開発が必要になるかも知れません．

### 社会や自動車業界の動き
### （1） スペアタイヤレス化の動向

Tタイプスペアタイヤは1981年の正式採用以降急速に普及し，国産乗用車の90％以上に採用されさらに拡大しており，導入時の狙いであった省資源・省スペースが達成されています．

一方表4.3に示されるようにパンク頻度は年々減少しており，しかも高速道路でのパンクは約2％にすぎず，一般道路でのくぎ踏みなどが70％以上を占めています．また自動車傷害事故の中でタイヤのパンクが原因となったのは10万件中4件と非常に低い値です．

しかもパンクした際にも約40％の人々がスペアタイヤに交換しないまま走行しているのが実情で，廃棄されるスペアタイヤの90％以上が新品のままという状況でもあります．

この状況を反映して30％以上のユーザーがスペアタイヤ不要という意識を持っているとの調査結果が出ているそうで，米欧ではスペアタイヤを搭載していない車両の販売が以前から始まっています．もちろんスペアレスの車両にはランフラットタイヤを装着するか，パンク修理剤を搭載してあります．

もともと日本を含め主要欧米各国では法律でスペアタイヤの搭載

を要求されていませんが，パンクした場合"所定の修理場所又は緊急時の待避場所まで，速やかにかつ安全に移動するため，車両として必要な措置"をとっておくことが求められています．

　自動車メーカーの立場としてはスペアレスにすることによって省資源を達成しながら，スペアタイヤのスペースを活用できるという設計自由度のアップが大変好ましいことと思われます．

　そこで数年前から定員10人以下の4輪乗用車を対象にスペアレス車両の販売が徐々に拡大されています．スペアレス車両には欧米と同じくランフラットタイヤを装着するか，パンク応急修理用具（エアポンプを含む）を搭載し，それぞれ時速60 km/hで80 km以上走行できることが必要とされています．

　タイヤ側のスペアレス化対応は，ランフラットタイヤの軽量化，パンク修理剤の見直し，1970年代に一時話題を呼んだシーラント付きタイヤの見直し等が考えられます．

**（2） トラックに関する動き**

① 大型トラックが高速道路でスピードオーバーして事故を起こさないように，2003年秋に大型トラックが90 km/h以上のスピードが出ないようにする速度抑制装置の装備が義務づけられる予定になっています．

② トラックの車軸あたりの最大荷重は従来10トンに制限されていましたので，フルに使う場合は複輪使用で2 500 kgの負荷能力があるスチールラジアル11 R 22.5（外径1 052 mm　幅279 mm）が使用されてきました．2003年には1軸当たり11.5トンに引き上げられる予定になっていますので，タイヤサイズも負荷能力3 000 kgの275/80 R 22.5（外径1 012 mm　幅276 mm）が主流になるものと思われます．もっと車高を下げたい場合には負荷能力2 900 kgの275/70 R 22.5（外径958

mm 幅 276 mm）が採用されるかも知れません．

最高速を 90 km/h に抑制する動きはタイヤにとってマイルドの方向ですが，軸重増加はタイヤ幅がほぼ同じで外径が小さい偏平タイヤにシフトするのですから，タイヤにはシビアな方向で耐久性を確保する技術が確立されていなければなりません．

### （3） モジュール化・システム化の動き

完成車メーカーが従来は個々のサプライヤーに個々の製品を納入させて，自分で組み立てていましたが，ある範囲を一括してモジュールと呼び，これを取りまとめる 1 次サプライヤーを決め，この業者はモジュールを構成する個々の製品ごとの開発を任せられ，製品をモジュールとして完成車メーカーに供給するやり方を取り始めています．

特に区別する場合には任される範囲によって，機能の分かれた部品を物理的に統合するまでであればモジュール化と呼び，部品を機能的に統合する場合にはシステム化と呼ぶようですが，一般的には両方を含めてモジュール化と呼んでいる場合も多いようです．

完成車メーカーにとっては組み立てコストの削減，構成部品機能の最適化による付加価値創出・軽量化・部品コストの削減，開発負担の削減や納入業者の集約による事務処理や調整業務の低減に効果があります．

コンチネンタル社が特に積極的で車の足回り部品メーカーとの技術提携や企業買収で必要技術を獲得し，総合シャーシー・システム会社を目指しています．もちろんミシュラン，グッドイヤー，ブリヂストン，住友ゴムも活動中です．

タイヤに関したモジュール化・システム化の対象製品はタイヤ，ホイール，ブレーキ，ショックアブソーバー，スタビライザー，ダンパー等ですから，ブリヂストンの場合は曙ブレーキ工業，カヤバ

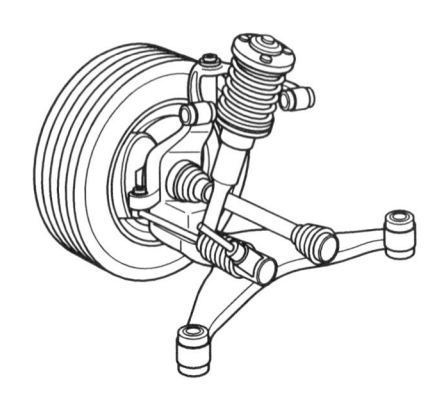

**図 9.17** 足回りモジュールの例

工業と共同研究の形で進められています．図9.17に足回りモジュールの例を示してあります．

モジュール化が進むと商売の形態が大きく変わります．例えばタイヤ・防振ゴム・ショックアブソーバーを含めた足回り各製品の最適化を織り込んで足回りのモジュールを開発・設計し完成車メーカーに提案します．これが採用されれば1次サプライヤーとなりますが，他グループの足回りモジュールが採用された場合は，そのグループに1次サプライヤーを持っていかれ，こちらは2次サプライヤーに甘んじなければなりませんから，真剣な開発努力を払わなければなりません．

### タイヤ性能に対する要求

環境問題対応の重点項目である軽量化と転がり抵抗低減については，シリカの活用を始めいくつかの改善技術について既におはなししました．用済みタイヤの処理に関しても更生タイヤとしてのリユ

ースと廃タイヤを切削してゴムチップとし，バインダーで固めて道路舗装に活用して道路騒音低減に役立てるリサイクルについておはなしました．また耐久性，操縦安定性，騒音を含めた乗り心地などについては地道な研究開発が続けられた成果が上がっているようですから，ここでは操縦性の過渡応答性とユニフォーミティについて説明するにとどめます．

### （1） 操縦性の過渡応答性改善

ラジアルタイヤの普及によりタイヤのコーナリングパワーが増加しましたので，定常的な操縦安定性のレベルも上がり，高速道路等で問題となる過渡応答性能の不足もラジアルタイヤの偏平化によってかなり改善されてきました．過渡応答性が良い状態とは，ハンドルをごくわずか切った時に車がすぐ反応し，遅れる感じがなく，それに続いてハンドルを切り込んでいった時，リニアな感じで車が動いてくれることです．

しかし，最近は環境問題対応のため，タイヤの軽量化・低転がり抵抗化が追求されています．低燃費タイヤは剛性が小さい側になりますのでコーナリングパワーや過渡応答性が不足する傾向が出てきます．したがって低燃費を維持しながら過渡応答性も改善するという高度な技術が要求されています．

タイヤ側としてはコンパウンドとパターンを含めたトレッド剛性，ベルト剛性，タイヤの横剛性，断面形状の最適化等でこの要求に応えてきましたが，タイヤの構造や各部の厚さなどが周上均一にきちんとできているかどうかで，横剛性やねじり剛性が変化し過渡応答特性に影響することがわかってきました．したがって設計・材料面でより高度な研究開発を進めることは当然ですが，

① タイヤの各種特性と車の過渡応答特性との関係を細かく詰め，車の特性と合わせてコンピュータシミュレーション計算により

予測評価し，車に合わせた最適なタイヤ設計ができるように研究を進める．
② 軽量化のためのタイヤ製造技術と全く同じように，ばらつきを大幅に減らす製造工程と製造技術を確立する．

ことも大切だと思います．

### （2） ユニフォーミティ改善

環境問題対応のためには自動車全体として軽量化を図ることが必要です．軽くなりますと5章でおはなししましたように，どうしても音と振動に敏感になり乗り心地が悪い方向になりますから，加振源となるタイヤのユニフォーミティ・バランスの改善を求められることになります．ユニフォーミティの良否が過渡応答特性にも影響することがわかりましたので，一層改善への要求が強まると思います．

さらに自動車メーカーからは120〜150 km/hという高速で動的アンバランスとユニフォーミティをチェックして欲しいとの要求が出始めているそうですから，改善のために今後も大きな努力を続ける必要があると思います．

ユニフォーミティ改善には，まず扱いやすい材料，作りやすい設計とすることが大切ですが，それに加えて全工程のばらつき低減とそのための工程設計や製造技術の改善という大変な仕事があります．ミシュランのＣ３Ｍ，ピレリのMIRS等の新生産システムも，現在では，まだ大幅なユニフォーミティ改善になっていないようですが，将来に向かって大きな改善を期待したいと思います．

## 9.3 どんな技術開発が必要か

### ばらつきをへらす

8章でおはなししたように、タイヤの生産工程でゴムや部材にばらつきがあるのは、天然ゴムは農産物であり分子量分布や微量成分にばらつきがあります。合成ゴムも含め配合剤が完全に溶解するようなものではありませんから、細かく見ればどうしても均質ではありません。また、未加硫ゴムは引っ張って伸ばすと、放しても元に戻りませんし、粘着性も配合剤のブルーム等でばらつきが出ます。このようなばらつきを減らすには、やはり基礎的な研究も積み重ね、現場の工夫も加えて組織的な改善が必要だと思います。

ゴム材料のばらつきの低減、管理を基礎にして製造工程の改善と管理を加え、製造技術の開発も合わせて、初めて部材のばらつきを大幅に減らし、自動化の推進や軽量化ができます。したがってかなりのコストダウン、ユニフォーミティの大きな改善が可能になると考えます。前述の新生産システムは生産工程でばらつきを増やさないことをうまく実現しているように思われますので、今後を期待します。

### コンピュータの活用

操縦性の過渡応答性改善の説明で、自動車とタイヤの各種特性値を使い、コンピュータでシミュレーション計算ができるようにしたいといいました。また7章の操縦安定性評価法のところで、最終評価は人間のフィーリングによる評価に頼らざるを得ないとおはなししました。人間の感覚は大変微妙で、しかもたくさんの特性値を総合的に感知することもあって、シミュレーション計算ができるように検討するのは大変だと思いますが、タイヤ研究開発の期間を短縮

し，効率を上げるために CAE (Computer Aided Engineering) ができる体制がぜひ欲しいと思います．グッドイヤーやミシュランもこの方向を熱心に進めていると聞きますので，自動車会社の協力も得ながら進めることがモジュール化の研究開発にもどうしても必要でしょう．

有限要素法で静荷重がかかった時のタイヤの変形を計算した例が図 4.6 に示してあります．1970 年初期までは有限要素法をタイヤに適用することがなかなかうまくできませんでした．有限要素法のプログラム作成に熟達した技術者が少なかったことと，当時の大型コンピュータは，多分現在のパソコンより計算スピードも遅かったことがその理由でした．図 4.6 のような計算をするにも当時は一晩中コンピュータに計算させたものでした．

現在の最新スーパーコンピュータは桁違いに計算能力が上がり，有限要素法のプログラミングに熟達した技術者も揃っていますので，動的な状態の計算もできるようになっています．これをさらに推し進めて，タイヤの全ての状態をシミュレーション計算できるようにすることも，タイヤの開発スピードを上げるのに大変有効な手段と思います．


### 原材料の研究・開発・改良

1 章でおはなししましたように，新しい原材料がタイヤの画期的な進歩・改良の原動力になった事実がたくさんあります．最近の例としてシリカ活用のためのシランカップリング剤とポリマー末端のアルコキシシラン変性，軽量化のための高強力スチールコード開発等を挙げることができます．

従来技術の延長線上でも，まだまだ 10〜20% の性能向上が可能なのではないかと期待しています．ポリエステルコードの高強力・

高弾性率化あるいは BR の更なる低ロス化等々です．カーボンブラックも一層の補強性アップが考えられると思います．まして 1990 年頃からの使用歴しかないシリカ関連の原材料にはもっと改善の可能性が残されていると思います．それぞれタイヤメーカーのニーズを良く伝えながら，共同研究も含めて努力すれば良い結果が得られるものと期待します．

## 9.4　将来の予測

将来にわたって，自動車が存在する限りタイヤが必要で，タイヤがいらなくなるようなことはないと確信していますが，将来のタイヤがどうなるか，どんな革新的な技術が，製品が出現するかとなると大変むずかしくなります．そこで，1970 年にアクロンラバーグループが実施したデルファイ法による技術予測が未だに陳腐化していないと思いますので，これを引用して責めを果たしたことにしたいと思います．

大勢の専門家が参画したと思われるこの予測でも，技術革新の完成時期予測については 2002 年の評価で的中率が高いとは言えず，将来予測は難しいというのが率直な感想です．しかし，予測される新タイヤ技術として取り上げられている 15 項目中 10 項目は，30 年後の今日（2002 年）でも注目されている開発目標ですから，この面ではさすがと感心させられます．

そこでこの 10 項目を取り出して表 9.4 に整理してみました．1980 年代の終わり頃から 1990 年代の終わりにかけて，①スペアタイヤの除去，②低内圧警報装置，③ Fail Safe Tyre System（ランフラットタイヤ），⑤完全自動化タイヤ成型設備，⑦カーボンに代わる非黒色補強剤，の 5 項目は実現されたと考えても良いと思いま

表 9.4　1970 年デルファイ法予測の 2002 年における評価[64]

| No. | 予　測　(1970 年) | | 現　状　(2002 年) | |
|---|---|---|---|---|
| | 予測される新タイヤ技術 | 50%実現可能な年 | 実現状況 | 実用開始年代 |
| ① | スペアタイヤの除去 | 1980 | 米欧日でランフラットタイヤ又はパンク修理剤を搭載してスペアレスとした乗用車が徐々に増加中. | 1990年代 |
| ② | 低内圧警報装置 | 1983 | ランフラットタイヤには必要不可欠のためランフラットタイヤと共に採用. 米国の安全基準も見直して2003年秋に車両総重量1万ポンド以下の全車両に搭載を義務づけ. | 1990年代 |
| ③ | Fail-Safe Tire System (ランフラットタイヤ) | 1983 | 高性能乗用車への新車装着が逐次増加中. BMW が最も熱心だが日本車でもやはり逐次増えている. | 1990年代 |
| ④ | 新タイヤ形状 | 1981 | ミシュランのランフラットタイヤが該当するか？ | 未確立 |
| ⑤ | 完全自動化タイヤ成型設備 | 1984 | ミシュラン, ピレリが新生産システムで実生産開始済み. | 1990年代 |
| ⑥ | 新タイヤ基本構造 | 1985 | ミシュラン, ピレリの新生産システムで実生産中の構造がこれに該当するか？ | 未確立 |
| ⑦ | カーボンに代わる非黒色補強剤 | 1985 | 低燃費を実現するためシリカ配合のゴムが広汎に使用されるようになり, カラータイヤも技術的には量産・販売が可能になった. | 1990年代 |
| ⑧ | 使用済みタイヤの有効処理法 | 1985 | 発生量の90%前後は有効利用されているとはいえ, 一層有効活用のためには低コストでゴム粉, ゴムチップにする技術の開発や更生タイヤ利用推進も必要. | ある程度実用 |
| ⑨ | 鉄道車両用ゴムタイヤ | 1985 | 距離の短いモノレール, 地下鉄, 新交通システムには広くタイヤが使用されているが, 長距離には未使用. | 未実現 |
| ⑩ | タイヤの挙動を理解し数学的記述ができる | 1986 | 有限要素法の利用によりかなりの所まで計算できるようになり, 広く活用されている. | 1970年代 |

## 9.4 将来の予測

す．また④新タイヤ形状はブリヂストンの RCOT や TCOT あるいはドーナツ等よりも，ミシュランのランフラットタイヤ PAX をこの範ちゅうと考えてもいいのか，判断に迷うところです．⑧用済みタイヤの有効処理法もいいところには来ているのですが，もう一押しではないでしょうか．⑨鉄道車両用ゴムタイヤも地下鉄やモノレール，あるいは新交通システムでは広く使われていますが，本来の鉄道車両用としては，磁気浮上式超高速新幹線用のタイヤはまだ実用化されていません．これが実用化されてもタイヤはメインの走行装置ではありませんので，これも判断が難しいと思います．⑩タイヤの挙動を理解し，数学的記述ができるという項目も有限要素法による計算をここにカウントして良いか疑問のところです．さらに⑥新しいタイヤ基本構造は今後も出現しそうにないと思うのですが，どうでしょうか．

新生産システムでは，ビードのところでプライを巻き上げることをしませんし，ビードワイヤの構造も違いますので，新しい基本構造とみて良いのかどうか，これも判断に困ります．

いずれにしても 1970 年に予想された新技術の半分が 2002 年までの 15 年ばかりの間に実現したのですから，実りの多い期間だったと喜ぶべきか，今後に期待する"夢"が減ってしまったと悲しむべきか，どちらでしょうか？

しかし実現したという 5 項目にしても，今後長期にわたって開発改良を加える必要があるものばかりです．研究開発担当の方々はこの中に沢山の"夢"を見つけられることでしょう．

252   9. 今後の展開

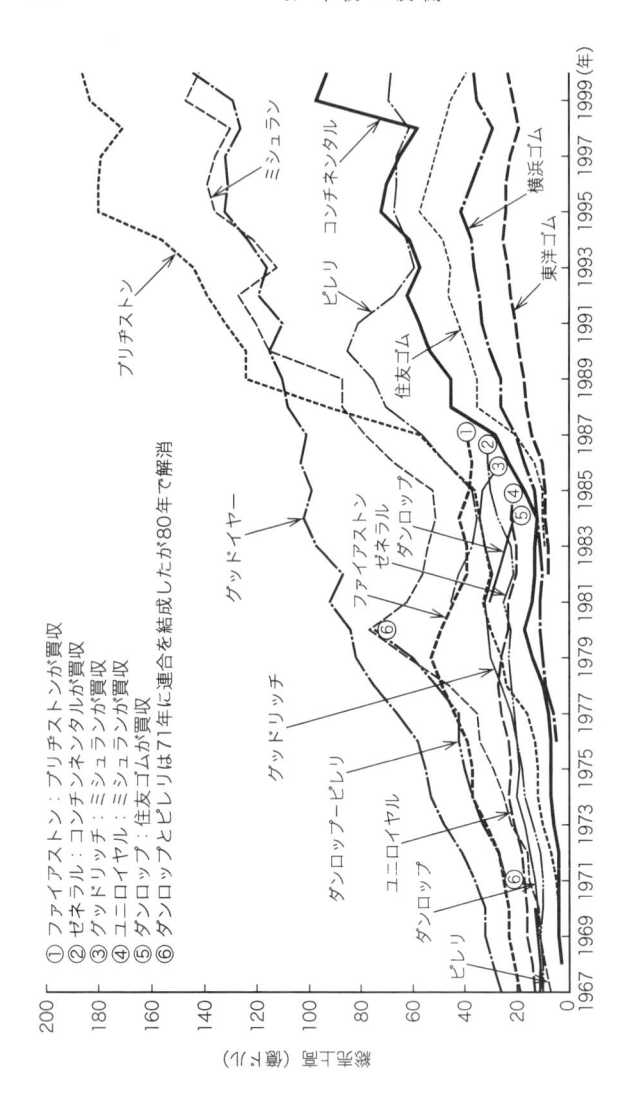

① ファイアストン：ブリヂストンが買収
② ゼネラル：コンチネンタルが買収
③ グッドリッチ：ミシュランが買収
④ ユニロイヤル：ミシュランが買収
⑤ ダンロップ：住友ゴムが買収
⑥ ダンロップとピレリは71年に連合を結成したが80年で解消

図 9.18 世界大手タイヤメーカーの総売上高推移

## 9.5 技術への投資

図 9.18 は，1967 年から 34 年間にわたる世界の大手タイヤ会社の連結総売上高のグラフです．日本のトップメーカーであるブリヂストンも 1963 年にようやくビッグ 10 入りしたばかりでしたが，その後日本の高度成長とモータリゼーションの進展のおかげで，日本の 4 社がこのグラフ上に健在です．対照的なのは先輩 5 社が消えて行き，ミシュランがブリヂストンと共に世界のビッグ 3 に駆け上がったことです．

この原因はミシュランがスチールラジアルの創業者利益を得たのに対し，消え去ったアメリカの 4 社はスチールラジアル化に対応できなかったためであることが明らかです．1970 年代にはスチール・ゴム接着の欠陥問題が多かれ少なかれ発生した会社がほとんどでしたが，これを契機に業績を落として消失につながった会社もあります．

日本の各社は日本株式会社の中で，高度成長という環境に恵まれたことも事実ですが，やはり日本人が得意とする小回りを効かせた頑張りで，スチールラジアルの技術もなんとかものにして対応できたのも事実です．

改めて，こんなおはなしをしているのは，なんといっても技術がなければどうにもならないことをいいたかったからです．堺屋太一 (元経済企画庁長官) 氏がかつて新聞に連載された"近未来予測"に，"将来のための投資なら技術に投資せよ"と書かれていたのは至言だと思います．タイヤ会社も投資効率と技術開発すべき分野をよく考えながら，研究開発を続けなければならないと思います．

## 引用文献

1) 市村芳雄(1980):自動車工学全書10巻第3章, p.169, 山海堂
2) 文献1), p.169
3) アルパイパシンリ(1989):イスタンブル考古学博物館, p.48, A TURIZM YAYINLARI LTD.
4) 文献1), p.170
5) 服部六郎(1988):タイヤの話, p.3, 大成社
6) 文献5), p.4
7) 株式会社ブリヂストン広報室(1987):タイヤ百科, p.15, 東洋経済新報社
8) 馬庭孝司(1979):自動車用タイヤの知識と特性, p.18, 山海堂
9) 文献5), p.4
10) 文献5), p.10
11) A. Finney (1981): Rubber World, Vol.183, No.5, p.36, Lippincott & Reto Inc.
12) 文献11), p.36
13) 日本自動車タイヤ協会編(1997):タイヤの知識, p.3, 日本自動車タイヤ協会
14) 文献7), p.105
15) 日本自動車タイヤ協会発行の資料よりデータを抽出してグラフ作成.
16) 渡邉徹郎他(1980):自動車工学全書12巻タイヤ編, p.2, 山海堂
17) 文献15), p.2
18) 日本自動車タイヤ協会タイヤ規格委員会:JATMA YEAR BOOK, pp.1-01〜1-29, 8-01〜8-10, 日本自動車タイヤ協会
19) 文献13), p.8
20) 文献18), pp.1-1〜1-23
21) 文献13), p.7
22) 文献1), p.174
23) 山下晋三(1992):ゴム技術の基礎 (基本特性), p.2, 日本ゴム協会
24) 藤本邦彦他(1983):粒子複合加硫物の弾性率, 体積弾性率, 体積弾性率及びポアソン比, 日本ゴム協会誌, Vol.57, No.1, p.57, 日本ゴム協会
25) 曽根一祐(1996):タイヤ用カーボンブラックとトライボロジー(摩擦・摩耗)特性, 日本ゴム協会誌174, 日本ゴム協会
26) D.I. James 他(1963): Trans. Proc. Inst. Rubber Ind., Vol.39, No.3, p.103, Institution of the Rubber Industry London, GBR.
27) 松井淳一他(1972):日本接着協会誌, Vol.8, No.1, p.26, 日本接着協会
28) W.J. Van Ooji (1984): Rubber Chemistry and Technology, Vol.57, p.421, American Chemical Society, Inc.
29) P. De Volder 他(1993): Applied Surface Science, Vol.64, p.41, Elsevier Sci-

ence B. V.
30) 文献 13），p. 26
31) トヨタ自動車サービス部編(1976)：自動車の振動・騒音，p. 24，トヨタ自動車
32) 文献 15），p. 93
33) 文献 15），p. 95
34) 酒井秀男(1987)：タイヤ工学，p. 355，グランプリ出版
35) 日本自動車タイヤ協会騒音対策委員会(1991)：タイヤ道路騒音について第 4 版，p. 4，日本自動車タイヤ協会
36) 文献 36），p. 6
37) 文献 36），p. 12
38) 文献 36），p. 6，12
39) 文献 35），p. 57
40) 文献 35），p. 57
41) 文献 35），p. 57
42) 文献 13），p. 13
43) 文献 13），p. 16
44) 文献 13），p. 6
45) 文献 13），p. 21
46) 文献 15），p. 51
47) 文献 15），p. 51
48) 文献 15），p. 52
49) 文献 15），p. 53
50) 文献 15），p. 54
51) 文献 15），p. 54
52) 文献 15），p. 55
53) 築地原政文(1990)：シンポジウム「タイヤ性能向上のための新技術とその評価」，p. 4，自動車技術会
54) 文献 15），p. 62
55) 文献 15），p. 14
56) 文献 5），p. 123
57) 文献 5），p. 124
58) 文献 5），p. 127
59) 文献 5），p. 133
60) 2001 年東京オートショーのミシュラン資料
61) ヨーロッパ特許庁公開特許 W 001/89818
62) ピレリーホームページ
63) タイヤ産業 2002，p. 17

64) 同上
65) J. R. Dunn 他(1991): Elastmerics, Vol. 123, No. 7, p. 11, Communication Channels. Inc.
66) Time Inc. 発行の「Fortune誌(1967〜2000年)」の世界大企業番付記事よりデータを抽出してグラフ作成．

## 参考文献

[1] 服部六郎(1996)：タイヤの話，大成社
[2] 市村芳雄(1980)：自動車工学全書10巻第3章，山海堂
[3] 渡邉徹郎他(1980)：自動車工学全書12巻タイヤ編，山海堂
[4] 酒井秀男(1987)：タイヤ工学，グランプリ出版
[5] ブリヂストン広報室(1986)：「乗り物」はじまり物語，東洋経済新聞社
[6] ブリヂストン広報室(1987)：タイヤ百科，東洋経済新聞社
[7] 馬庭孝司(1979)：タイヤ　自動車用タイヤの知識と特性，山海堂
[8] 御堀直嗣(1992)：タイヤの科学　走りを支える技術の秘密，講談社ブルーバックス

## 関連規格

[JIS]

D 2701：1993　自動車用ホイールナット　　（対応国際規格 ISO 7575）

D 4102：1984　ホイール及びリムの種類・呼び，表示　　（対応国際規格 ISO 3911）

D 4103：1998　自動車部品―ディスクホイール―性能及び表示　　（対応国際規格 ISO 3006, 3894, 7141）

D 4201：1984　自動車用タイヤ・チューブ・リムバンド・フラップの呼び方（対応国際規格 ISO 3877-1〜-3, 4000-1, 4209-1, 4223-1, 5751-1）

D 4202：1994　自動車用タイヤ―呼び方及び諸元　　（対応国際規格 ISO 4000-1, 4209-1, 4223-1）

D 4207：1994　自動車用タイヤバルブ

㋐ D 4211：1994　自動車用タイヤバルブコア

D 4218：1999　自動車部品―ホイール―リムの輪郭　　（対応国際規格 ISO 4000-2, 4209-2）

D 4220：1984　自動車用ディスクホイールの取付方式及び寸法　　（対応国際規格 ISO 4107）

㋐ D 4230：1998　自動車用タイヤ　　（対応国際規格 ISO 4223-1, 10191, 10454）

㊍ D 4231：1995　自動車タイヤ用チューブ
㊍ K 6329：1997　更生タイヤ，追補1（1998年8月改正）

[ISO]

| | |
|---|---|
| 3006：1995 | Passenger car road wheels—Test methods |
| 3877-1：1997 | Tyres, valves and tubes—List of equivalent terms—Part 1: Tyres |
| 3877-2：1997 | Tyres, valves and tubes—List of equivalent terms—Part 2: Tyre valves |
| 3877-3：1978 | Tyres, valves and tubes—List of equivalent terms—Part 3: Tubes |
| 3894：1995 | Commercial vehicless—Wheels/rims—Test methods |
| 3911：1998 | Wheels and rims for pneumatic tyres—Vocabulary, designation and marking |
| 4000-1：2001 | Passenger car tyres and rims—Part 1: Tyres (metric series) |
| 4000-2：2001 | Passenger car tyress and rims—Part 2: Rims |
| 4107：1998 | Commercial vehicles—Wheel hub attachment dimensions |
| 4209-1：2001 | Truck and bus tyres and rims (metric series)—Part 1: Tyres |
| 4209-2：2001 | Truck and bus tyres and rims (metric series)—Part 2: Rims |
| 4223-1：1989 | Definitions of some terms used in the tyre industry—Part 1: Pneumatic tyres |
| | Amendment 1: 1992 to ISO 4223-1: 1989 |
| 5751-1：2001 | Motorcycle tyres and rims (metric series)—Part 1: Design guides |
| 7141：1995 | Passenger cars—Light alloy wheels—Impact test |
| 7575：1993 | Commercial road vehicles—Flat attachment wheel fixing nuts |
| 10191：1995 | Passenger car tyres—Verifying tyre capabilities—Laboratory test methods |
| | Amendment 1: 1998 to ISO 10191: 1995 |
| 10454：1993 | Truck and bus tyres—Verifying tyre capabilities—Laboratory test methods |

# 索　引

## 【あ行】

RFL 接着剤　85
アスファルト舗装　240
アブレージョンパターン　106, 108, 112
安全基準　59, 240
アンダーステア　197
安定性　175, 176, 178, 197
インナーライナ　27, 71
エイペックス　27
SHT　231
HT　231
NT　231
ABS 利用方式　224
MIRS　225
エントロピー弾性　67
オーバーステア　197

## 【か行】

カーカス　26
カーボンブラック　22, 72, 73
肩落ち摩耗　112
過渡応答　191, 245
　——特性　191
カラータイヤ　219
ガラス転移点　67, 168
加硫　15, 66

環境問題　235
機械的摩耗　106
キャンバー角　192
キャンバースラスト　193
凝着摩擦　159
空気入りタイヤ　15, 17, 41
クーロンの摩擦法則　155, 156
クリンチャー　19
警報装置　224
結晶化　69
更正タイヤ　237, 238
　——用練り生地　239
コード　21, 75, 77
コーナリング係数　50, 183
コーナリングパワー　48, 50, 177, 181
コーナリングフォース　48, 178, 179, 181
ゴム状弾性　66
固有振動数　130
転がり抵抗　170

## 【さ行】

サイド　25
サイピング　24, 164, 167
材料使用効率　41
サンプ　143
CAE　248

CSR 223
C3M 225
シェイク 143
軸力変動 136
仕事能力 42
システム化 243
自然形状 94
シミー 144
JATMA YEAR BOOK 53
シャルマック波 107,108
ショルダ 25
シリカ(珪素) 217
新生産システム 225
据え切りトルク 195
スキール 153
簾織り 20
スタンディングウェーブ 126
スチールコード 230
ステア特性 197
ストレートサイデッド 19
スペアレス 242
滑り率 160
スリップ角 47,178,181
寸法安定性 76
接着機構 85
セルフアライニングトルク 179,190
騒音レベル 150,151
操縦性 50,175,176

【た行】

タイヤ道路騒音 145
多孔質弾性舗装 240
縦ばね定数 133
弾性率 67,80
超々大型タイヤ 234
超偏平タイヤ 231
Tタイプ応急用タイヤ 57
ディスクホイール 61
トレッド 25
　——パターン 24

【な行】

ナイロンキャップ 81
中子方式 222
粘性 68
粘弾性 67,173

【は行】

ハーシュネス 135,136
バイアス構造 27
ハイドロプレーニング 165
パターンエアポンピング音 147
パターン加振音 147
ばね定数 129,133
ばらつき 247
パンタグラフ変形 95
ビーデッドエッジ 19
ビード 26
ビート音 145
ヒステリシス摩擦 159
ヒステリシスロス 68,159
引っかき摩耗 106
ピッチバリエーション 148
疲労破壊 119,123
疲労摩耗 106,108

深底リム　63
プライ　26, 28
フラッター　144
フラットスポット　143
ブルーム　201
ブレーカ　26, 28
ベルト　27, 28
偏平化　43
偏摩耗　33, 114
ホイール　61

## 【ま行】

摩擦係数　68, 156, 158
摩擦楕円　188
摩擦摩耗　106
摩擦力　107
摩耗エネルギー　107
未加硫ゴム　247
ミクロブラウン運動　67
モジュール化　243
モジュラス　50, 80
無線方式　224

## 【や行】

UHT　231
ユニフォーミティ　76, 140, 142, 144
ユニフォーミティ改善　246
ヨーイングモーメント　176
横滑り摩擦係数　186
横ばね　133

## 【ら行】

ラジアル構造　28
ラテラルシェイク　143
ラフネス　144
ランフラットタイヤ　221
リム　61, 63
ロードノイズ　138

## 【わ行】

ワイヤードオン　19
ワンダリング現象　193

## 渡邉徹郎
わた なべ てつ お

| | |
|---|---|
| 1932 年 | 大阪府吹田市に生まれる |
| 1953 年 | 九州大学工学部機械工学科卒業 |
| 1953 年 | ブリヂストンタイヤ(株)入社 |
| | 主としてタイヤ開発のための試験・設計・研究に従事 |
| 1988 年 | ブリヂストンサイクル(株)に移籍 |
| | 主としてタイヤ生産設備の設計・製作に従事 |
| 1994 年 | 同社退職 |
| 2011 年 | 逝去 |

---

**タイヤのおはなし 改訂版**　　　定価：本体 1,400 円(税別)

| | |
|---|---|
| 1994 年 10 月 20 日 | 第 1 版第 1 刷発行 |
| 2002 年 10 月 31 日 | 改訂版第 1 刷発行 |
| 2014 年 4 月 30 日 | 第 4 刷発行 |

著　者　　渡　邉　徹　郎

発行者　　揖　斐　敏　夫

発行所　　一般財団法人　日本規格協会

権利者との協定により検印省略

☎ 108-0073　東京都港区三田3丁目13-12　三田MTビル
http://www.jsa.or.jp/
振替　00160-2-195146

印刷所　　三美印刷株式会社

© Tetsuo Watanabe, 2002　　　　　　　　Printed in Japan
ISBN978-4-542-90257-2

●当会発行図書，海外規格のお求めは，下記をご利用ください．
営業サービスユニット：(03)4231-8550
書店販売：(03)4231-8553　注文FAX：(03)4231-8665
JSA Web Store：http://www.webstore.jsa.or.jp/

## おはなし科学・技術シリーズ

### バイオメトリクスのおはなし
小松尚久・内田 薫・池野修一・坂野 鋭 共著
定価:本体 1,500 円(税別)

### 暗号のおはなし 改訂版
今井秀樹 著
定価:本体 1,500 円(税別)

### オブジェクト指向のおはなし
土居範久 編
定価:本体 1,748 円(税別)

### QR コードのおはなし
標準化研究学会 編
定価:本体 1,300 円(税別)

### バーコードのおはなし
流通システム開発センター 編
定価:本体 1,262 円(税別)

### 光ディスクのおはなし
三橋慶喜 著
定価:本体 1,068 円(税別)

### CALS のおはなし
加藤 廣 著
定価:本体 1,300 円(税別)

### 半導体のおはなし
西澤潤一 著
定価:本体 1,165 円(税別)

### 印刷のおはなし 改訂版
大日本印刷株式会社 編
定価:本体 1,500 円(税別)

### 自動制御のおはなし
松山 裕 著
定価:本体 1,300 円(税別)

### 機械製図のおはなし 改訂 2 版
中里為成 著
定価:本体 1,800 円(税別)

### テクニカルイラストレーションのおはなし
三村康雄 他共著
定価:本体 1,400 円(税別)

### 油圧と空気圧のおはなし 改訂版
辻 茂 著
定価:本体 1,300 円(税別)

### タイヤのおはなし 改訂版
渡邉徹郎 著
定価:本体 1,400 円(税別)

### ベアリングのおはなし
綿林英一・田原久祺 著
定価:本体 1,600 円(税別)

### 歯車のおはなし 改訂版
中里為成 著
定価:本体 1,400 円(税別)

### ねじのおはなし 改訂版
山本 晃 著
定価:本体 1,100 円(税別)

### チェーンのおはなし
中込昌孝 著
定価:本体 1,400 円(税別)

**JSA 日本規格協会** http://www.webstore.jsa.or.jp/